파스칼이 들려주는 확률 이야기

KB178949

파스칼이 들려주는 확률 이야기

ⓒ 정완상, 2010

초   판   1쇄 발행일 | 2005년 3월 26일
개정판   1쇄 발행일 | 2010년 9월 1일
개정판 15쇄 발행일 | 2021년 5월 28일

지은이 | 정완상
펴낸이 | 정은영
펴낸곳 | (주)자음과모음

출판등록 | 2001년 11월 28일 제2001-000259호
주   소 | 04047 서울시 마포구 양화로6길 49
전   화 | 편집부 (02)324-2347, 경영지원부 (02)325-6047
팩   스 | 편집부 (02)324-2348, 경영지원부 (02)2648-1311
e-mail | jamoteen@jamobook.com

ISBN 978-89-544-2006-8 (44400)

파스칼이 들려주는

확률 이야기

| 정완상 지음 |

|주|자음과모음

파스칼을 꿈꾸는 청소년을 위한
'확률' 이야기

우리는 확률의 시대에 살고 있습니다. 동전을 던지면 앞면 또는 뒷면이 나오지만 정확하게 어느 면이 나올지는 아무도 예측할 수 없습니다. 이런 불확실함을 해결해 주는 수학 이론이 확률이고, 창시자는 파스칼입니다. 이 책을 통해 확률에 대한 수업을 받고, 파스칼 같은 수학자를 꿈꾸는 청소년들이 많아졌으면 하는 것이 저의 바람입니다.

저는 KAIST에서 이론물리학을 공부하고 대학에서 물리학과 수학을 가르쳐 왔습니다. 그래서 그동안 연구한 내용과 강의했던 내용을 토대로 이 책을 집필하게 되었습니다.

이 책은 파스칼이 한국에 와서 여러분에게 9일간의 수업을 통해 확률을 가르쳐 주는 것으로 설정되어 있습니다. 파스칼은 학생들에게 질문을 하며 간단한 일상 속의 실험을 통해 확률을 가르치고 있습니다.

물론 이 책에서 다루는 확률은 고등수학의 내용이라 초등학생에게는 어려울 수도 있습니다. 하지만 많은 초등학생들이 경우의 수나 확률에 관심을 가지고 있는 만큼 그들에게 확률의 원리를 소개하는 것도 나쁘지 않다고 생각합니다.

과연 이 책이 저의 의도처럼 확률을 이해하는 데 도움이 되었는지는 여러분의 판단에 맡기고 싶습니다.

끝으로 이 책을 출간할 수 있도록 배려하고 격려해 준 강병철 사장님과 예쁜 책이 될 수 있도록 수고해 주신 편집부의 모든 직원들에게 감사드립니다.

정 완 상

차례

경우의 수를 구하는 방법

주어진 조건을 만족하는 가능한 방법의 수는 몇 가지일까요?
경우의 수를 구하는 방법을 알아봅시다.

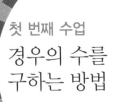

첫 번째 수업

경우의 수를
구하는 방법

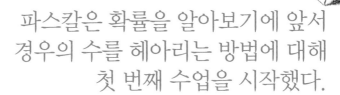

파스칼은 확률을 알아보기에 앞서
경우의 수를 헤아리는 방법에 대해
첫 번째 수업을 시작했다.

경우의 수를 헤아릴 때 조심해야 할 점은 어떤 경우도 빼먹지 말아야 하고, 또한 어떤 경우를 2번 헤아리지 않아야 한다는 것입니다.

파스칼은 학생들 앞에 곰 인형 2개와 사람 인형 3개를 가지고 나왔다.

이 인형들 가운데 1개의 인형을 가지는 방법은 모두 몇 가지인지 알아봅시다.

가질 수 있는 인형은 곰 인형 또는 사람 인형입니다. 곰 인형에는 2종류가 있으므로 곰 인형 하나를 가지는 방법은 2가지입니다. 또한 사람 인형은 3종류이므로 사람 인형을 가지는 방법은 3가지입니다.

그렇다면 곰 인형 또는 사람 인형을 가지는 방법은 모두 몇 가지일까요?

그것은 곰 인형을 가지는 방법의 수와 사람 인형을 가지는 방법의 합입니다. 그러므로 2 + 3 = 5(가지)입니다.

결국 곰 인형이든 사람 인형이든 구별할 필요가 없었군요. 즉, 인형은 5종류이니까 이 중에서 하나의 인형을 가지는 방법은 5가지였던 거지요.

(인형 하나를 갖는 방법의 수)
= (곰 인형을 갖는 방법의 수) + (사람 인형을 갖는 방법의 수)

이렇게 각 경우의 가짓수를 더하여 전체 경우의 수를 구하는 것을 합의 법칙이라고 합니다. 이렇게 두 경우가 '또는'으로 연결되어 있을 때는 합의 법칙이 적용된답니다.

길 찾기 문제

파스칼은 학생들을 데리고 들판으로 나갔다. 들판에는 기둥이 3개 있었다. 첫 번째 기둥과 두 번째 기둥은 2개의 길로, 두 번째 기둥과 세 번째 기둥은 3개의 길로 연결되어 있었다.

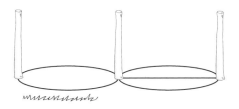

첫 번째 기둥을 출발해 두 번째 기둥을 거쳐 세 번째 기둥으로 가는 방법이 모두 몇 가지인지 알아봅시다. 자, 1명씩 서로 다른 길을 통해 가 보도록 하지요.

미화는 다음 길을 따라갔다.

매옥이는 첫 번째와 두 번째와 기둥 사이는 미화와 같은 길을 갔고,
두 번째와 세 번째 기둥 사이는 미화와 다른 길로 갔다.

미주는 첫 번째와 두 번째 기둥 사이는 미화와 같은 길을 갔고, 두 번
째와 세 번째 기둥 사이는 미화, 매옥이와 다른 길로 갔다.

태호는 첫 번째와 두 번째 기둥 사이를 여학생들이 간 길과 다른 길로
갔다.

진우는 첫 번째와 두 번째 기둥 사이를 태호가 간 길로 가고, 두 번째와 세 번째 기둥 사이는 태호와 다른 길로 갔다.

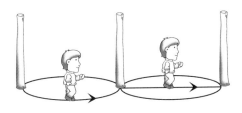

태상이는 첫 번째와 두 번째 기둥 사이를 태호가 간 길로 가고, 두 번째와 세 번째 기둥 사이는 태호, 진우와 다른 길로 갔다.

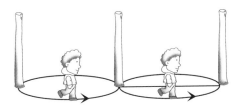

여학생 3명과 남학생 3명이 모든 다른 길을 따라갔군요. 그러니까 가능한 길은 모두 6가지입니다. 그럼 6은 어떻게 나왔을까요?

주어진 문제를 다시 생각해 봅시다. 첫 번째 기둥을 떠나 두 번째 기둥을 거쳐 세 번째 기둥에 가는 서로 다른 길은 모두 몇 가지인지 물었습니다. 이것을 다음과 같이 말할 수 있지요.

첫 번째 기둥에서 두 번째 기둥으로 간다. 그리고 두 번째 기둥에서
세 번째 기둥으로 간다. 이때 가능한 길은 모두 몇 가지인가?

첫 번째 기둥에서 두 번째 기둥까지만 그려 보면 다음과 같습
니다.

2가지 종류의 길이 있지요? 그러므로 첫 번째 기둥에서 두
번째 기둥까지 가는 방법은 2가지입니다.

두 번째 기둥에서 세 번째 기둥까지의 길을 그려 봅시다.

3가지 종류의 길이 있지요? 그러므로 두 번째 기둥에서 세 번째 기둥까지 가는 방법은 3가지입니다.

아하! 그러니까 $6 = 2 \times 3$이군요. 즉, 다음과 같습니다.

(첫 번째 기둥에서 두 번째 기둥을 거쳐 세 번째 기둥으로 가는 방법) = (첫 번째 기둥에서 두 번째 기둥으로 가는 방법)×(두 번째 기둥에서 세 번째 기둥으로 가는 방법)

이렇게 두 경우가 '그리고'로 연결되어 있을 때에는 각 경우의 수의 곱이 전체 경우의 수가 됩니다. 이것을 경우의 수에 대한 곱의 법칙이라고 합니다.

철이가 집으로 가려면 전철로 가는 방법이 2가지, 버스로 가는 방법이 3가지 있습니다. 그렇다면 철이가 집으로 가는 방법은 모두 몇 가지일까요?

이가 집으로 가기 위해서는 철 또는 버스를 이용하면 되는데 전철로 가는 방법이 2가버스로 가는 방법이 3가지니까 총 5가지네요.

맞아요. 합의 법칙이 적용되어 모두 5가지랍니다.

각 경우의 가짓수를 더하여 전체 경우의 수를 구하는 것을 합의 법칙이라고 하는데, 이렇게 두 경우가 '또는'으로 연결되어 있을 때 적용됩니다.

후후, 쉽네요.

데 저희 집은 중간 지점까지 전로 가는 방법이 2가지이고, 전을 내려서는 버스로 갈아타야는데 버스는 3종류가 있거든요. 럼, 저희 집에 가는 방법도 5가인가요?

음~, 아까랑은 조금 다른 것 같은데….

미애의 경우에는 합의 법칙이 아닌 곱의 법칙이 적용되는 경우입니다. 두 경우가 이렇게 '그리고'로 연결되어 있을 땐 각 경우의 수의 곱이 전체 경우의 수가 됩니다.

전철 또는 버스 : 철이의 집
전철 그리고 버스 : 미애의 집

합의 법칙과 곱의 법칙은 경우의 수를 구하는 기본 법칙이지요. 또 어떤 경우에 적용할 수 있는지 알아볼까요?

네, 재미있을 것 같아요. 빨리 알아봐요.

2

순서대로 나열하기

3명의 아이를 순서대로 나열하는 방법은 모두 몇 가지일까요?
서로 다른 물체를 일렬로 나열하는 방법의 수를 알아봅시다.

두 번째 수업

순서대로 나열하기

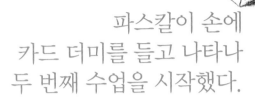

파스칼이 손에
카드 더미를 들고 나타나
두 번째 수업을 시작했다.

파스칼은 카드 더미에서 1, 2, 3이 적힌 3장의 카드를 학생들에게
나누어 주며 물었다.

이 3장의 카드로 만들 수 있는 서로 다른 세 자리 수는 몇
가지인가요?

학생들은 한참을 계산했다. 수업 태도가 가장 좋은 태호가 카드를
이리저리 돌려 보더니 6개의 서로 다른 수가 만들어진다고 대답했
다. 파스칼은 다시 1부터 5까지 적힌 5장의 숫자 카드를 학생들에

게 나누어 주며 물었다.

이 5장의 카드로 만들 수 있는 서로 다른 다섯 자리의 수는
모두 몇 가지인가요?

학생들은 카드를 가지고 여러 가지 다섯 자리의 수를 만들어 보았다.
그러나 시간이 한참 흘렀는데도 답을 말하는 학생은 없었다.

정답은 120가지예요. 이제 이것을 빠르게 계산하는 방법을
가르쳐 주겠어요.
이렇게 서로 다른 카드를 순서대로 세우는 방법을 순열이
라고 합니다. 먼저 2장의 카드 1, 2로 숫자를 만드는 방법은
다음과 같습니다.

1 2
2 1

아하! 2가지이군요. 3장의 카드 1, 2, 3으로 숫자를 만드는 방법은 다음과 같습니다.

1 2 3   1 3 2
2 1 3   2 3 1
3 1 2   3 2 1

6가지가 되는군요. 4장의 카드 1, 2, 3, 4로 숫자를 만드는 방법은 다음과 같습니다.

1 2 3 4   1 2 4 3   1 3 2 4   1 3 4 2   1 4 2 3   1 4 3 2
2 1 3 4   2 1 4 3   2 3 1 4   2 3 4 1   2 4 1 3   2 4 3 1
3 1 2 4   3 1 4 2   3 2 1 4   3 2 4 1   3 4 1 2   3 4 2 1
4 1 2 3   4 1 3 2   4 2 1 3   4 2 3 1   4 3 1 2   4 3 2 1

24가지이군요.
자, 그럼 어떤 규칙이 있는지 알아봅시다.

숫자 카드 2개로 두 자리 수를 만드는 방법 : 2가지

숫자 카드 3개로 세 자리 수를 만드는 방법 : 6가지

숫자 카드 4개로 네 자리 수를 만드는 방법 : 24가지

학생들은 2, 6, 24의 규칙을 찾으려고 했다. 하지만 아무리 봐도 규칙이 없어 보였다.

숫자들을 곱하기로 나타내보면 규칙이 보일 거예요.

숫자 카드 2개로 두 자리 수를 만드는 방법 : 1×2

숫자 카드 3개로 세 자리 수를 만드는 방법 : $1 \times 2 \times 3$

숫자 카드 4개로 네 자리 수를 만드는 방법 : $1 \times 2 \times 3 \times 4$

학생들은 이제 규칙을 찾은 것 같은 표정이었다.

이제 알겠죠? 이 규칙을 따르면 5개의 서로 다른 숫자를 만드는 방법은 $1 \times 2 \times 3 \times 4 \times 5$가지가 됩니다.

n개의 서로 다른 숫자로 n자리 수를 만드는 방법은 1부터 n까지의 수를 차례로 곱하면 된다.

물론 숫자가 아닐 때도 마찬가지입니다.

파스칼은 학생들 앞에서 인형 3개를 꺼냈다.

세 인형의 이름은 삼각이, 사각이, 원돌이입니다. 3개의 인형을 순서대로 나열하는 방법 역시 3×2×1가지입니다.

이러한 곱을 다음과 같이 새로운 기호로 알아 두면 편리합
니다.

$2 \times 1 = 2!$

$3 \times 2 \times 1 = 3!$

$4 \times 3 \times 2 \times 1 = 4!$

어떤 기호인지 알겠죠? '!'을 팩토리얼(계승)이라고 읽습니
다. 그러니까 4!은 '4 팩토리얼'이라고 읽지요.

4!은 4부터 시작하여 1까지의 자연수 곱입니다. 그럼 1!은
얼마일까요? 1부터 시작하여 1까지의 자연수 곱이니까 $1! = 1$
입니다.

3개의 숫자 1, 2, 3을 일렬로 나열하면 세 자리 수가 됩니
다. 그러므로 3개의 숫자를 일렬로 나열하는 방법의 수는 3
개의 숫자로 만들 수 있는 서로 다른 세 자리 수의 개수와 같
습니다. 즉, 3!가지이지요.

이것을 다른 방법으로 생각해 봅시다. 세 자리 수는 다음과
같이 3개의 빈칸에 숫자를 적어 만들 수 있습니다.

첫 번째 □에 올 수 있는 숫자는 몇 가지일까요? 1, 2, 3 중 하나가 올 수 있으니까 3가지입니다.

예를 들어 3개의 숫자 중 하나인 1을 첫 번째 □에 채워 넣었다고 합시다. 그러면 남은 □은 2개가 됩니다.

1 □ □

두 번째 □에는 2 또는 3이 올 수 있으므로 두 번째 □을 채우는 방법은 2가지입니다. 예를 들어 두 번째 □이 3으로 채워졌다고 합시다.

1 3 □

이때 세 번째 □에 올 수 있는 수는 2가 될 수밖에 없군요. 그러니까 세 번째 □을 채우는 방법은 1가지입니다.

첫 번째 □을 채우고, 두 번째 □을 채우고, 세 번째 □을 채워야 세 자리 수가 만들어지므로 각각의 □을 채우는 경우의 수에 대해 곱의 법칙이 적용됩니다.

그러니까 3개의 □을 채우는 방법은 $3 \times 2 \times 1 = 3!$이 되는 것입니다.

만약 숫자 카드가 빈칸의 수보다 많으면 어떻게 될까요?

파스칼은 4장의 숫자 카드를 꺼냈다.

1, 2, 3, 4

이 4장의 숫자로 만들 수 있는 두 자리 수는 모두 몇 가지
일까요? 두 자리 수는 2개의 □을 채우면 됩니다. 그러니까
다음과 같습니다.

□□

첫 번째 □에는 1, 2, 3, 4 중 하나의 숫자가 올 수 있으니
까 첫 번째 □을 채우는 방법은 4가지입니다. 예를 들어 첫
번째 □을 1로 채웠다고 합시다.

1 □

그럼 두 번째 □에 올 수 있는 수는 2, 3, 4 중 하나가 됩니
다. 그러므로 두 번째 □을 채우는 방법은 3가지입니다.

그러니까 곱의 법칙에 의해 2개의 ☐을 채우는 방법은 4 × 3가지가 됩니다.

규칙을 찾기 위해 예를 하나 더 들어 봅시다.

파스칼은 5장의 숫자 카드를 꺼냈다.

1, 2, 3, 4, 5

이것으로 만들 수 있는 세 자리 수는 모두 몇 개일까요? 세 자리 수는 다음과 같습니다.

☐☐☐

첫 번째 ☐을 채우는 방법은 5가지, 두 번째 ☐을 채우는 방법은 4가지, 세 번째 ☐을 채우는 방법은 3가지입니다. 그러므로 만들 수 있는 세 자리 수의 개수는 5 × 4 × 3가지가 됩니다.

우리는 여기서 하나의 규칙을 발견했습니다. 4개의 숫자에서 2개를 택하여 순서대로 세우는 방법의 수는 4부터 시작하여 1 작은 수를 차례로 곱하되 곱하는 수의 개수가 2개라는 것을 알 수 있습니다.

　마찬가지로 5개의 숫자에서 3개를 택하여 순서대로 세우는 방법의 수는 5부터 시작하여 1 작은 수를 차례로 곱하되 곱하는 수의 개수가 3개라는 것을 알 수 있습니다.

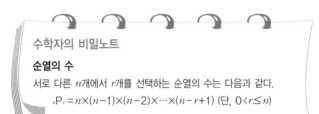

수학자의 비밀노트

순열의 수

서로 다른 n개에서 r개를 선택하는 순열의 수는 다음과 같다.

$$_nP_r = n \times (n-1) \times (n-2) \times \cdots \times (n-r+1) \ (단, \ 0 < r \leq n)$$

서로 다른 숫자 만들기

　이번에는 0이 있을 때 수를 만드는 방법에 대해 알아봅시다.

　파스칼은 학생들에게 4장의 숫자 카드를 보여 주었다.

이 4장의 숫자 카드로 만들 수 있는 서로 다른 네 자리 수는 모두 몇 가지일까요? 언뜻 생각하면 4!가지라고 생각하기 쉽습니다. 하지만 0123이라는 수는 없습니다.

0이 첫 번째 자리에 오는 경우는 다음과 같습니다.

0123   0132   0213   0231   0312   0321

모두 6가지이군요. 그런데 이 경우는 수가 되지 못하므로 제외해야 합니다. 그러니까 4!에서 6을 뺀 것이 만들어지는 네 자리 수의 개수입니다. 여기서 6은 0이 맨 앞에 오고 나머지 세 수의 순서가 달라질 때의 경우의 수입니다. 세 수의 순서가 달라지는 경우의 수는 3!가지이므로 우리가 구하는 경우의 수는 다음과 같습니다.

$$4! - 3! = 24 - 6 = 18(가지)$$

만화로 본문 읽기

떤 과자부터 먹지? 자마다 맛이 다른데. 는 순서는 몇 가지나 까?

하하, 과자 먹는 순서를 수학적으로 고민하다니 대단해요.

과자를 먹는 순서의 가짓수는 서로 다른 카드를 순서대로 세우는 경우를 생각하면 간단해요. 이런 것을 순열이라고 하죠.

쉽게 설명해 볼게요. 2개의 과자가 있을 때, 를 먹는 방법은 이렇습니다.

2가지 방법이 있네요.

또, 3개의 과자가 있을 때, 과자를 먹는 방법은 이렇고요.

6가지 방법이 있네요.

여기서 과자를 먹는 방법의 수를 이러한 곱으로 나타내면 규칙이 보일 겁니다.

개의 과자를 먹는 방법의 수
$=2 \times 1 = 2($ 가지 $)$
개의 과자를 먹는 방법의 수
$=3 \times 2 \times 1 = 6($ 가지 $)$

하! 런 규칙이 있었군요.

이 규칙을 적용하면 과자 5개를 먹는 방법의 수는 $5 \times 4 \times 3 \times 2 \times 1 = 120($가지$)$이 되겠군요.

네, 서로 다른 숫자를 일렬로 세우는 방법의 수는 1부터 그 수까지를 차례로 곱해 구할 수 있답니다.

3

같은 것이 있을 때의 순열

같은 것이 여러 개 있을 때 차례대로 나열하는 방법은 몇 가지일까요?
같은 것이 있을 때의 순열에 대해 배워 봅시다.

3

세 번째 수업

같은 것이
있을 때의 순열

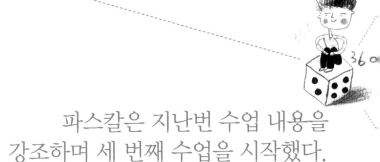

파스칼은 지난번 수업 내용을
강조하며 세 번째 수업을 시작했다.

우리는 지난 시간에 4개의 서로 다른 물체를 일렬로 순서대로 나열하는 방법이 4!가지라는 것을 배웠습니다. 그런데 만일 4개의 물체 중에 같은 것이 있을 때는 어떻게 될까요?

오늘은 이와 같은 경우를 다루어 보겠습니다. 이런 것을 같은 것이 있을 때의 순열이라고 합니다.

파스칼이 3장의 숫자 카드를 꺼냈다.

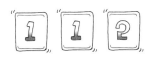

3장의 카드 중에 1이 2개입니다. 이 숫자 카드로 서로 다른 세 자리 수를 만들어 보겠습니다.

3가지가 나오는군요. 여기서 3은 어떻게 나온 것일까요? 이렇게 같은 것을 포함하는 여러 개의 물체를 순서대로 배열하는 방법의 수를 구하는 규칙을 찾아봅시다.

만일 3개의 숫자가 모두 다르다면 만들어지는 세 자리 수는 3!가지가 생깁니다.

파스칼은 1이 적힌 카드 2장 중 하나의 카드를 뒤집었다. 뒷장에는 숫자 대신 '일'이라고 적혀 있었다.

자, 이제 3장의 카드가 다르지요? 이것을 순서대로 배열하면 다음과 같이 3!가지가 생깁니다.

규칙이 안 보이나요? 그렇다면 다음과 같이 배열해 봅시다.

그래도 6가지이군요.

파스칼은 숫자 1이 적힌 카드를 모두 뒤집었다.

어? 윗줄과 아랫줄이 똑같아졌군요. 이렇게 2개의 1이 같으면 2개의 1이 같지 않을 때의 경우의 수인 3!을 2!로 나누어 주어야 원하는 경우의 수를 찾을 수 있습니다.

그러므로 1, 1, 2로 만들 수 있는 서로 다른 세 자리 수는

$$\frac{3!}{2!} = \frac{3 \times 2 \times 1}{2 \times 1} = 3(가지)입니다.$$

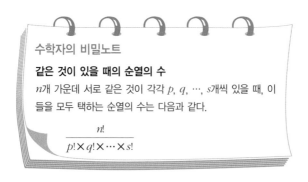

수학자의 비밀노트

같은 것이 있을 때의 순열의 수

n개 가운데 서로 같은 것이 각각 p, q, $\cdots$, s개씩 있을 때, 이들을 모두 택하는 순열의 수는 다음과 같다.

$$\frac{n!}{p! \times q! \times \cdots \times s!}$$

가장 짧게 갈 수 있는 길

파스칼은 학생들에게 조그만 도로 지도를 보여 주었다.

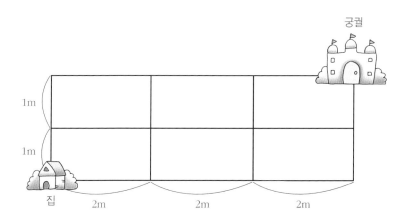

이것은 여러분의 집에서 궁궐까지의 도로를 그린 것입니다. 가로 방향 도로 하나의 길이는 2m이고, 세로 방향 도로 하나의 길이는 1m입니다.

그럼 집에서 궁궐까지 가장 짧게 갈 수 있는 길은 모두 몇 가지일까요?

학생들은 직접 도로를 따라 길을 그리면서 답을 찾으려고 했다.

수학을 이용해야 합니다. 즉, 규칙을 발견해야 합니다.

__ 너무 많아요.

__ 저는 아까 지난 곳을 또 지난 것 같아요.

미주가 다음과 같은 길을 따라갔다고 합시다.

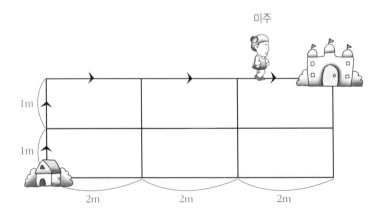

미주는 분명히 집에서 궁궐까지 가장 짧은 길을 따라갔습니다. 태호가 다음 길을 따라갔다고 합시다.

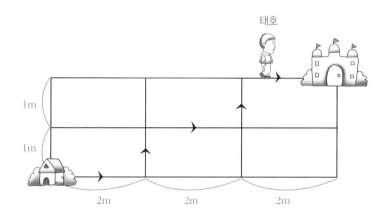

태호도 집에서 궁궐까지 가장 짧은 길을 따라갔습니다. 태상이가 다음 길을 따라갔습니다.

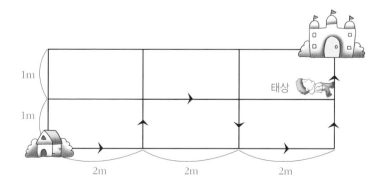

태상이는 집에서 궁궐까지 가장 짧은 길을 따라간 것이 아니군요. 왜냐하면 아래로 돌아간 적이 있기 때문입니다. 그러니까 가장 짧은 길이 되려면 위로 그리고 오른쪽으로만 따라가야 할 것입니다. 아래로 가거나 왼쪽으로 가면 다시 위나 오른쪽으로 돌아와야 하니까 거리가 길어지기 때문입니다.

그럼 가장 짧은 길이 되려면 오른쪽으로 가는 2m 도로를 3번, 위로 가는 1m 도로를 2번 이용해야 합니다. 그럼 2m 도로를 갔을 때를 2, 1m 도로를 갔을 때를 1이라고 합시다. 그럼 미주가 간 길과 태호가 간 길은 다음과 같습니다.

미주 : 1 1 2 2 2

태호 : 2 1 2 1 2

그러니까 1이 2개, 2가 3개 있는 5개의 수를 순서대로 나열하는 방법의 수이군요. 이렇게 같은 것이 있을 때는 5!을 같은 것 개수의 팩토리얼로 나누어 주어야 합니다. 1이 2개이므로 2!로, 2가 3개이므로 3!로 나누어 주어야 한다는 뜻입니다. 그러므로 가장 짧은 길의 개수는 다음과 같습니다.

$$\frac{5!}{2! \times 3!} = \frac{5 \times 4 \times 3 \times 2 \times 1}{2 \times 1 \times 3 \times 2 \times 1} = 10(가지)$$

10가지의 서로 다른 길이 생기는지 확인해 볼 수 있습니다.

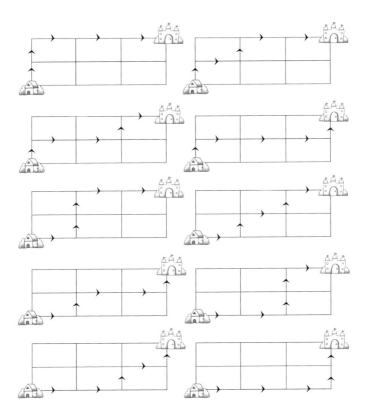

그럼 3개의 과자 중에 2개의 과자가 같은 경우, 이 과자들을 먹는 방법을 생각해 볼까요?

아뇨. 이번에는 똑같은 과자가 있다 보니 헷갈려서요.

이런, 또 과자 때문에 고민인가요? 지난번에 다 알려줄 텐데요.

같은 종류의 과자를 다르다고 생각하고 먹는 방법의 수를 생각해 보면 6가지입니다. 그런데 왼쪽과 오른쪽이 완전히 똑같죠?

네, 정말 그렇네요.

그래서 한쪽을 정리하면 과자를 먹는 방법은 3가지입니다. 그러면 이렇게 같은 것을 포함하는 여러 개의 물체를 순서대로 배열하는 방법의 수를 구하는 규칙은 뭘까요?

이런 경우에도 규칙을 가지나요?

물론이죠. 3개의 과자 중 2개의 과자가 같으면 전체 과자의 개수 3!을 같은 과자의 수인 2!로 나누어 주면 됩니다.

아~, 나누면 되는구나.

숫자로 생각해 보면 1, 1, 2로 만들 수 있는 서로 다른 세 자리 수는

$$\frac{3!}{2!} = \frac{3 \times 2 \times 1}{2 \times 1} = 3(\text{가지})$$입니다.

크, 복잡하네요. 그냥 먹을 걸….

4

여러 번 택하여 나열하기

숫자들을 여러 번 택하여 일렬로 나열하는 방법은 모두 몇 가지일까요?
여러 번 택하여 나열하는 순열에 대해 알아봅시다.

4

네 번째 수업

여러 번 택하여
나열하기

파스칼은 1장의 카드를
여러 번 사용하여
수를 만드는 방법을 알려 주기 위해
네 번째 수업을 시작했다.

지금까지 1장의 숫자 카드를 1번만 사용하는 경우의 순열에 대해 배웠습니다. 하지만 1장의 숫자 카드를 여러 번 사용한다면 만들 수 있는 숫자의 종류는 훨씬 더 많아질 것입니다.

예를 들어 숫자 1이 있다고 합시다. 숫자 1을 단 1번만 사용할 수 있다면 만들 수 있는 수는 1가지입니다. 그런데 1을 여러 번 사용한다면 많은 수를 만들어 낼 수 있습니다.

1번 사용하는 경우 : 1
2번 사용하는 경우 : 11

3번 사용하는 경우 : 111

그럼 하나의 숫자가 아니라 2개의 숫자에서 여러 번 택하여 일렬로 나열하는 방법에 대해 알아봅시다.

파스칼이 1, 2가 새겨진 2개의 도장을 가지고 왔다.

1, 2가 새겨진 2개의 도장을 2번 사용하여 만들 수 있는 두 자리 수는 모두 몇 가지일까요?

파스칼은 도장을 2번 사용하여 종이에 찍었다.

4가지 경우가 생기는군요. 그럼 도장을 3번 사용하여 만들 수 있는 세 자리 수는 모두 몇 가지일까요?

파스칼은 도장을 3번 사용하여 종이에 찍었다.

8가지 경우가 생기는군요. 처음 경우는 2개의 수 1, 2에서 2개의 수를 택하여 일렬로 배열하는 방법의 수이고, 두 번째 경우는 2개의 수 1, 2에서 3개의 수를 택하여 일렬로 배열하는 방법의 수입니다. 이렇게 뽑았던 것을 또 뽑을 수 있는 순열을 중복순열이라고 합니다.

이때의 규칙을 알아봅시다.

2개에서 2개를 뽑아 나열하는 방법의 수 : 4가지
2개에서 3개를 뽑아 나열하는 방법의 수 : 8가지

이것을 다음과 같이 쓸 수 있습니다.

2개에서 2개를 뽑아 나열하는 방법의 수 : 2×2
2개에서 3개를 뽑아 나열하는 방법의 수 : $2 \times 2 \times 2$

이런 규칙이라면 2개에서 4개를 뽑아 나열하는 방법의 수는 $2 \times 2 \times 2 \times 2$가지가 되는군요.

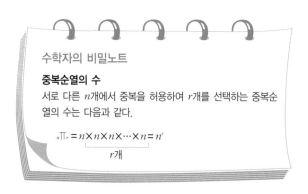

수학자의 비밀노트
중복순열의 수
서로 다른 n개에서 중복을 허용하여 r개를 선택하는 중복순열의 수는 다음과 같다.

$$_n\Pi_r = \underbrace{n \times n \times n \times \cdots \times n}_{r개} = n^r$$

동물에게 집 마련해 주기

중복순열의 예를 들어 보겠습니다.

파스칼은 개, 고양이, 다람쥐를 데리고 나왔다.

이제 3마리의 동물이 잘 수 있는 집을 만들어 주겠어요. 그
런데 집을 만들 수 있는 재료가 부족하여 집을 2개밖에 만들
수 없어요.

세모 지붕을 가진 집을 세모집, 네모 지붕을 가진 집을 네
모집이라고 부르기로 합시다. 그럼 두 집에 3마리의 동물을
넣는 방법은 모두 몇 가지일까요?

학생들은 실제로 동물들을 집에 넣어 보았다. 하지만 정확하게 가
짓수를 찾을 수 없었다.

물론 동물들을 여기저기 넣어 보면 방법의 수를 찾을 수 있겠지요. 하지만 우리가 원하는 것은 이 문제가 어떤 공식과 관련이 있는가를 찾는 것입니다.

동물들을 개, 고양이, 다람쥐의 순서로 나열해 보세요. 그러면 모든 동물은 세모집 또는 네모집에 들어갈 수 있어요. 그러니까 동물들이 들어갈 수 있는 집들을 나열하면 다음 그림과 같이 되지요.

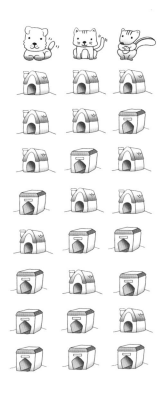

아하! 8가지가 되는군요. 그러니까 세모집과 네모집 2개 중에서 3개를 선택해 나열하는 방법의 수를 찾으면 됩니다. 그러니까 $2 \times 2 \times 2 = 8$(가지)이 되는 거죠.

만화로 본문 읽기

기 2종류의 과자가 있습
다. 오늘도 과자를 먹는 개수
달리하여 각각 몇 가지의
법이 있는지 알아볼까요?

지난번 말고 또 다른
경우가 있나요?

그럼요. 오늘은 2종류의 과자가
여러 개 있을 때 먹는 방법의
수를 생각해 보도록 해요.

과자는 먹고 싶지만
수학은….

2종류의 과자가 여러 개 있을
때, 2개를 먹는 방법의 수는 4
가지가 돼요.

를 먹는다면
음처럼 8가지 방법이
겠죠?

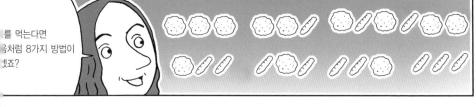

자를 숫자로 생각
여 일렬로 세운다
합시다. 이때의
칙은 다음과 같습
다.

2개를 뽑아 세우는 방법의 수
=2×2=4(가지)
3개를 뽑아 세우는 방법의 수
=2×2×2=8(가지)

아, 그럼 4개를 뽑아 세우는 방법
의 수는 2×2×2×2=16(가지)
이 되겠군요.

네, 맞아요. 직접 그
방법대로 먹어 볼까
요?

으…, 싫어요. 다 먹으
면 또 다른 과자로 수
학 공부하시려고요?

5

원탁에 나열하기

3명이 원탁에 서로 다르게 앉는 방법은 몇 가지일까요?
원탁에서의 순열에 대해 알아봅시다.

5

원탁에 나열하기

파스칼의 다섯 번째 수업은
물체를 원에 배열할 때의
경우의 수에 대해 알아보는 것이었다.

우리는 지금까지 물체를 일렬로 나열하는 경우의 수에 대해 공부했습니다. 그러니까 3명의 서로 다른 사람을 일렬로 나열하는 방법의 수는 3!가지였습니다.

오늘은 3명의 서로 다른 사람을 원탁에 앉히는 방법의 수에 대해 알아보겠습니다.

일렬로 세우는 것과는 다른 규칙이 있지 않을까요?

파스칼은 학생들과 원탁이 있는 방으로 갔다. 방 한가운데 원탁이 있고 의자가 3개 있었다. 의자에는 3마리의 귀여운 동물들이 앉아 있었고, 벽에는 문이 3개 있었다.

파스칼은 1번 문에서 3마리의 동물을 본 대로 그렸다.

파스칼은 2번 문에서 3마리의 동물을 본 대로 그렸다.

파스칼은 3번 문에서 3마리의 동물을 본 대로 그렸다.

파스칼은 3장의 그림을 벽에 나란히 붙였다.

보는 각도에 따라 다르게 앉아 있는 것처럼 보이지요? 하지만 3마리의 동물은 자리를 바꾸거나 이동한 적이 없습니다. 이렇게 원에서는 한 방향으로 돌려서 같아지면 같은 경우로 생각합니다.

그러므로 앞의 3가지 경우는 원에서는 1가지 경우가 됩니다. 물론 3마리의 동물을 일렬로 세웠을 때는 3가지 경우가 다르지만 말입니다.

그럼 3마리의 동물을 원탁에 앉히는 또 다른 방법은 뭘까요?

파스칼은 동물 3마리의 위치를 다음과 같이 바꾸었다.

파스칼은 1번 문에서 3마리의 동물을 본 대로 그렸다.

파스칼은 2번 문에서 3마리의 동물을 본 대로 그렸다.

파스칼은 3번 문에서 3마리의 동물을 본 대로 그렸다.

파스칼은 3장의 그림을 벽에 나란히 붙였다.

이번에도 보는 각도에 따라 동물들이 다르게 앉아 있는 것처럼 보입니다. 하지만 이 3가지 배열 역시 원탁에서는 모두 같은 배열을 나타냅니다.

그럼 이 배열과 처음에 동물들이 앉아 있었던 배열이 같을까요? 두 배열의 그림을 봅시다.

왼쪽 그림은 처음 동물들이 앉아 있었을 때이고, 오른쪽 그림은 위치가 달라진 후의 그림입니다. 첫 번째 배열을 어떻게 돌려도 두 번째 배열은 나오지 않습니다. 그러므로 두 배열은 서로 다른 배열입니다.

따라서 원탁에 3명을 앉히는 방법의 수는 2가지입니다. 3명을 일렬로 세우는 방법의 수는 3!이고, 이때 3개의 배열이 원탁에서는 같아지기 때문이지요.

3명을 원탁에 앉히는 방법의 수는 1명을 앉히고 그 사람을 기준으로 나머지 2명이 앉는 방법을 생각하면 됩니다. 그러므로 3명을 원탁에 앉히는 방법의 수는 사람 수에서 1을 뺀 수의 팩토리얼이 됩니다.

이것을 식으로 쓰면 다음과 같지요.

$$(3-1)! = 2! = 2(가지)$$

이와 같은 규칙에 의해서 4명을 원탁에 앉히는 방법의 수는 $(4-1)! = 3! = 6(가지)$입니다.

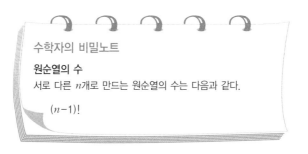

수학자의 비밀노트

원순열의 수
서로 다른 n개로 만드는 원순열의 수는 다음과 같다.

$$(n-1)!$$

정사각형 탁자에 앉히기

이번에는 8명의 사람을 정사각형의 탁자에 서로 다르게 앉히는 방법의 수에 대해 알아봅시다. 8명의 사람을 1번부터 8번까지 번호를 붙여 봅시다. 8명의 사람을 원탁에 앉히는 방법은 모두 $(8-1)! = 7! = 5040$(가지)입니다. 그럼 정사각형 탁자에 앉히는 방법은 몇 가지일까요?

파스칼은 원과 정사각형을 그리고 그곳에 1번부터 8번까지 같은 방향으로 적었다.

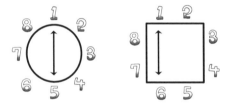

왼쪽은 원탁에 앉힌 그림이고 오른쪽은 정사각형 탁자에 앉힌 그림입니다. 원탁에 앉혔을 때 1번과 마주 보는 사람은 5번입니다. 그럼 정사각형 탁자에서는 어떻게 되죠? 이때는 1번과 마주 보는 사람은 6번이 됩니다.

이제 시계 반대 방향으로 1칸씩 이동시켜 보겠습니다.

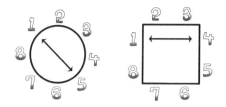

원탁에서 1번과 마주 보는 사람은 여전히 5번입니다. 그러므로 이동하기 전과 같은 배열을 나타냅니다. 그럼 정사각형 탁자에서도 같아질까요? 그렇지 않습니다. 오른쪽 그림을 보면 1번과 마주 보는 사람은 이제 6번이 아니라 4번이 되었습니다. 그러므로 이 배열은 이동하기 전의 배열과 다른 상황이 됩니다.

물론 한 번 더 같은 방향으로 이동시키면 처음과 같은 배열이 됩니다.

그러므로 원순열에서는 같았던 2개의 배열이 정사각형에서는 서로 다른 배열을 나타내게 됩니다. 이것은 정사각형의 한 변에 2명씩 앉기 때문입니다. 그러므로 정사각형 탁자에 8명을 앉히는 방법의 수는 원에서 8명을 앉히는 수의 2배가 됩니다. 그러니까 $(8-1)! \times 2 = 10080$(가지)이 됩니다.

이런 규칙은 정사각형뿐만 아니라 정삼각형, 정오각형 같은 정다각형에서 성립합니다. 이것은 일반적으로 다음과 같은 규칙이 있습니다.

(물체를 정다각형에 배열하는 방법의 수)

=(물체를 원에 배열하는 방법의 수)×(한 변의 물체 수)

예를 들면 다음과 같습니다.

$(6-1)! \times 2$

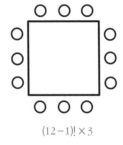

$(12-1)! \times 3$

선생님, 우리 자장면 먹어요.

무슨 소리? 짬뽕! 짬뽕!

그럼, 문제를 맞힌 사람이 먹고 싶은 걸 시키도록 하죠. 원탁에 3명을 앉히는 방법의 수는 몇 가지일까요?

순열이라면 지겹게 배웠죠. 3!이니까 6가지요.

아니지. 그건 일렬로 때의 경우의 수

원탁일 땐 A 경우 3가지의 배열이 같고, B 경우 3가지의 배열이 같아요.

A 경우
철이 미애 파스칼
파스칼 철이 미애
미애 파스칼 철이

B 경우
파스칼 미애 철이
철이 파스칼 미애
미애 철이 파스칼

그래서 A, B 2가지 경우가 되는 거죠?

네, 맞아요.

즉, 3명을 원탁에 앉히는 방법의 수는 사람 수에서 1을 뺀 수의 팩토리얼이 됩니다. (3-1)!=2!=2(가지)가 되는 것이죠.

그럼 4명을 원탁에 앉히는 방법의 수는 (4-1)!=3!=6(가지)이 되겠네요.

자, 내가 맞혔으니까 이제 짬뽕 시켜도 되지?

근데, 우리가 음식을 시킬 수 있 경우의 수는 많은데 꼭 짬뽕으 통일해야 하나요?

하하, 그렇군요.

6

순서 없이
뽑기만 하는 방법의 수

순서를 생각하지 않고 단지 뽑기만 하는 방법의 수는 어떻게 될까요?

여섯 번째 수업

순서 없이 뽑기만 하는
방법의 수

파스칼이 카드 3장을 들고
여섯 번째 수업을 시작했다.

지금까지는 어떤 수들을 순서대로 세우는 방법의 수를 알아보았습니다. 이번에는 순서대로 나열할 필요 없이 뽑기만 하는 문제를 살펴봅시다.

다음과 같은 3장의 카드가 있습니다.

여기서 1장을 뽑는 방법은 다음과 같습니다.

그러므로 3장의 서로 다른 카드에서 1장의 카드를 뽑는 방법의 수는 3가지입니다.

일반적으로 □장의 카드에서 1장의 카드를 뽑는 방법의 수는 □가지이다.

이번에는 2장의 카드를 뽑는 경우를 봅시다. 먼저 3장의 카드에서 2장을 뽑는 경우는 다음과 같습니다.

3가지 경우가 생기는군요. 이것은 1, 2를 뽑는 것이나 2, 1을 뽑는 것이나 다르지 않기 때문입니다.

좀 더 자세히 알아봅시다. 앞에서 3장의 카드 중 2장의 카드를 뽑아 일렬로 나열하는 방법의 수가 3 × 2 = 6(가지)이라는 것을 배웠습니다.

물론 이 6가지는 다음과 같습니다.

1 2   1 3   2 1   2 3   3 1   3 2

이것을 다음과 같이 써 봅시다.

1 2   1 3   2 3
2 1   3 1   3 2

윗줄과 아랫줄은 순서만 다릅니다. 하지만 단순히 뽑기만 한다면 두 줄은 다른 경우가 아닙니다.

__ 정말 그렇네요.

따라서 두 수를 뽑아 순서대로 나열하는 방법의 수는 단지 두 수를 뽑기만 하는 방법의 수의 2배가 됩니다.

즉, 2개를 뽑아 순서대로 나열하는 방법의 수인 3×2를 2로 나누면 단순히 2개를 뽑기만 하는 방법의 수인 $\dfrac{3 \times 2}{2}$ 가 됩니다.

분자는 1씩 작아지는 두 수의 곱이므로 분모도 그런 식으로 쓰면 $\dfrac{3 \times 2}{2 \times 1}$ 가 됩니다.

이번에는 4장의 카드를 봅시다.

이 중에서 2장을 뽑는 방법은 다음과 같습니다.

6가지입니다. 여기서 6은 어떻게 나왔을까요? 4장의 카드에서 2장을 뽑아 순서대로 나열하는 방법의 수는 4×3가지입니다. 하지만 단순히 2장을 뽑기만 하는 방법의 수는 다음과 같습니다.

$$\frac{4 \times 3}{2} = \frac{4 \times 3}{2 \times 1}$$

뭔가 규칙이 나올 것 같습니다. 그럼 3장을 뽑는 경우를 봅시다. 4장의 숫자 카드 1, 2, 3, 4에서 3장을 뽑는 경우를 모두 나열하면 다음과 같습니다.

모두 4가지 경우가 되는군요. 물론 1, 2, 3, 4에서 3장을 뽑아 순서대로 나열하는 방법의 수는 $4 \times 3 \times 2$가지입니다. 이것을 다음과 같이 쓸 수 있습니다.

첫 번째 네모 안은 1, 2, 3을 순서대로 세우는 6가지 방법을

나타내고 있습니다. 그런데 이 6가지는 단순히 뽑기만 하는 경우에는 모두 똑같은 경우입니다. 이것은 나머지 네모의 경우도 마찬가지입니다.

그러니까 4개의 수에서 3개의 수를 택하여 일렬로 나열하는 방법의 수는 단순히 3개의 수만을 뽑는 방법의 수의 6배가 됩니다. 여기서 6은 3개의 서로 다른 수를 일렬로 나열하는 방법의 수인 $3 \times 2 \times 1$입니다.

따라서 4개의 수에서 3개의 수를 단순히 뽑는 경우의 수는 4개의 수에서 3개의 수를 뽑아서 일렬로 나열하는 경우의 수인 $4 \times 3 \times 2$를 $3 \times 2 \times 1$로 나눈 값이 됩니다. 즉, $\dfrac{4 \times 3 \times 2}{3 \times 2 \times 1}$가 됩니다.

마지막으로 5개의 서로 다른 수가 있다고 합시다.

1개를 뽑는 방법의 수 $= \dfrac{5}{1}$ (가지)

2개를 뽑는 방법의 수 $= \dfrac{5 \times 4}{2 \times 1}$ (가지)

3개를 뽑는 방법의 수 $= \dfrac{5 \times 4 \times 3}{3 \times 2 \times 1}$ (가지)

4개를 뽑는 방법의 수 $= \dfrac{5 \times 4 \times 3 \times 2}{4 \times 3 \times 2 \times 1}$ (가지)

5개를 뽑는 방법의 수 $= \dfrac{5 \times 4 \times 3 \times 2 \times 1}{5 \times 4 \times 3 \times 2 \times 1}$ (가지)

이제 뽑기만 하는 경우의 수는 어떤 규칙을 따르는지 알 수 있겠지요? 정리하면 다음과 같은 규칙이지요.

□개에서 △개만을 뽑는 경우의 수는 분자는 □부터 1씩 줄어든 수를 곱하되 곱한 수가 △개가 되도록 하고, 분모는 △의 팩토리얼이 되는 분수의 값이다.

순서는 생각할 필요 없이 뽑기만 하는 경우의 예를 들어 봅시다. 한국, 미국, 일본, 중국의 4개의 팀이 풀리그(모든 팀과 한 경기씩을 치르는 것)로 경기를 한다고 합시다. 그럼 총 몇 경기를 치러야 할까요?

학생들은 모든 경기를 꼼꼼히 체크하기 시작했다.

일일이 따질 필요가 없습니다. 4개의 나라에서 2개의 나라를 택하는 방법의 수가 답이기 때문입니다. 한국과 미국의 경기는 4개의 팀 중에서 한국과 미국을 택한 경우이고, 한국과 일본의 경기는 4개의 팀 중에서 한국과 일본을 택한 경우이기 때문입니다. 그러니까 4개의 팀의 풀리그 경기 수는 4개에서 2개를 뽑는 경우의 수인 $\dfrac{4 \times 3}{2 \times 1} = 6$(가지)입니다.

풀리그와 똑같이 헤아려지는 경우가 있습니다. 4명이 서로 다른 사람과 악수를 한다면 총 악수 횟수는 몇 번일까요? 악수를 2명이 하는 경기라고 생각하면 4명이 벌이는 풀리그의 경기 수와 같아지겠지요? 그러니까 $\dfrac{4 \times 3}{2 \times 1} = 6$(가지)이 됩니다.

수학자의 비밀노트

조합의 수

순열과 다르게 순서대로 세우지 않고 뽑기만 하는 방법을 조합이라고 한다. 서로 다른 n개에서 r개를 선택하는 조합의 수는 다음과 같다.

$$_n\mathrm{C}_r = \frac{_n\mathrm{P}_r}{r!} = \frac{n!}{r!(n-r)!} \quad (단,\ 0 < r \le n)$$

사각형의 개수

이번에는 도형과 관계있는 문제를 살펴봅시다. 오른쪽 페이지의 도형을 봅시다.

이 그림에서 사각형의 개수는 모두 몇 개일까요?

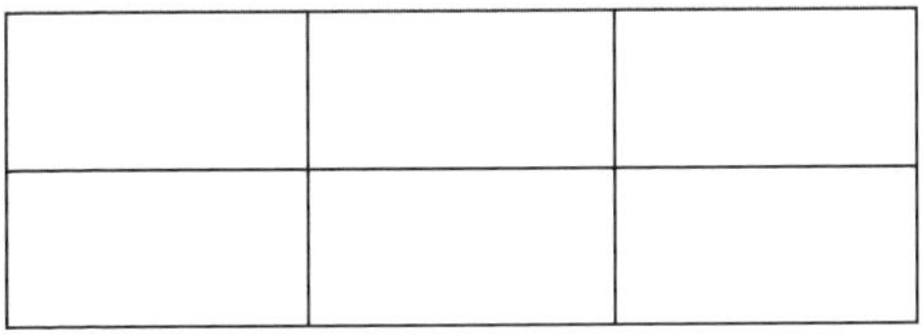

학생들은 하나씩 헤아리기 시작했다. 영리한 진우가 다음과 같이 사각형의 개수를 헤아렸다.

사각형 1개로 이루어진 것 : 6개

사각형 2개로 이루어진 것 : 7개

사각형 3개로 이루어진 것 : 2개

사각형 4개로 이루어진 것 : 2개

사각형 6개로 이루어진 것 : 1개

모든 사각형의 개수 = 6 + 7 + 2 + 2 + 1 = 18개

파스칼은 진우의 답을 학생들에게 보여 주고는 박수를 쳐 주라고 했다. 진우는 얼떨결에 스타가 되었다. 그리고 파스칼의 강의가 이 어졌다.

진우가 잘 구했군요. 그럼 진우에게 다른 문제를 내 보겠어요. 다음 그림의 사각형은 모두 몇 개일까요?

진우는 한참을 헤아리다가 너무 많아서 헤아리기 힘들다고 말했다.

그래요. 진우가 생각한 것처럼 헤아리는 방법은 사각형의 개수가 그리 많지 않을 때는 괜찮지만 사각형이 너무 많아지면 힘들지요. 이제 사각형의 개수를 헤아리지 않고 구하는 방법에 대해 알아보겠습니다.

먼저 진우가 알아맞힌 그림의 사각형의 개수를 다른 방법으로 구해 보겠습니다. 사각형은 몇 개의 변으로 이루어져 있지요?

__4개입니다.

그래요. 2개의 변과 2개의 변이 서로 만나면 사각형이 만들어집니다.

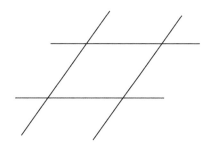

그럼 처음 그림에서 다음과 같은 사각형을 찾아 봅시다.

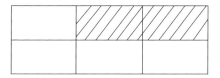

이것은 2개의 가로 선과 2개의 세로 선이 만나서 만들어진

사각형이지요.

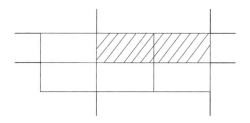

가로 선은 모두 몇 개지요?

＿3개입니다.

세로 선은 모두 몇 개지요?

＿4개입니다.

가로 선에서 2개를 임의로 택하고 세로 선에서 2개를 임의로 택하면 하나의 사각형이 만들어집니다. 그러니까 사각형을 만들 수 있는 방법의 수는 3개의 가로 선에서 2개의 가로 선을 택하는 방법의 수와 4개의 세로 선에서 2개의 세로 선을 택하는 방법의 수의 곱입니다.

3개의 가로 선에서 2개의 가로 선을 택하는 방법의 수는 $\frac{3 \times 2}{2 \times 1}$ 가지입니다. 그리고 4개의 세로 선에서 2개의 세로 선을 택하는 방법의 수는 $\frac{4 \times 3}{2 \times 1}$ 가지입니다. 그러므로 만들어지는 사각형의 수는 다음과 같습니다.

$$\frac{3 \times 2}{2 \times 1} \times \frac{4 \times 3}{2 \times 1} = 18(가지)$$

진우가 구한 답과 같지요? 서로 다른 방법을 사용한다고 해도 같은 문제에 대해서는 같은 답이 나오는 것이 수학의 아름다움이지요.

자, 그럼 진우가 헤아리지 못한 문제를 다시 봅시다.

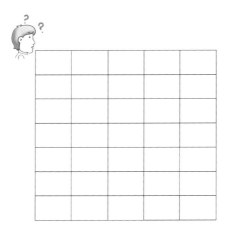

가로 선은 몇 개인가요?

__8개입니다.

세로 선은 몇 개인가요?

__6개입니다.

그러니까 문제의 사각형의 개수는 다음과 같이 됩니다.

$$\frac{8 \times 7}{2 \times 1} \times \frac{6 \times 5}{2 \times 1} = 420(가지)$$

부터 4명의 선수가
그로 경기를
르겠습니다.

선생님, 풀리그는 경기에 참가한 모든 선수가 서로 한 번씩 겨루는 거지요?

크랑 짱구, 헐크랑 더락
리고 헐크랑…

지금 뭐 하고 있나요?

헐크 짱구 더락 최홍만

4명의 선수가 풀리그로 싸우면 몇 번의 경기를 치러야 하는지 따져 보는 중이에요.

그렇게 일일이 따질 필요가 없어요.

에서 2명을 택하는 방법
구하면 되지요. 즉, 단순
택하기만 한다면 헐크가
를 뽑는 것과 짱구가
는 것은 같은 경우이지요.

를 들어 1, 2, 3이라는 3장의 카드에서 순
에 상관없이 2장을 뽑는 경우라면 1, 2를
는 것이나 2, 1을 뽑는 것이 다르지 않은
과 같은 이유이기도 하고요.

그러니까 4명의 선수가 풀리그로 치러야 하는 경기의 수는 4명에서 2명을 뽑는 경우이므로 $\frac{4 \times 3}{2 \times 1} = 6$(번)이 된답니다.

7

확률의 정의

전체 경우의 수에 대해 원하는 경우의 수의 비를 무엇이라고 할까요?
확률에 대해 알아봅시다.

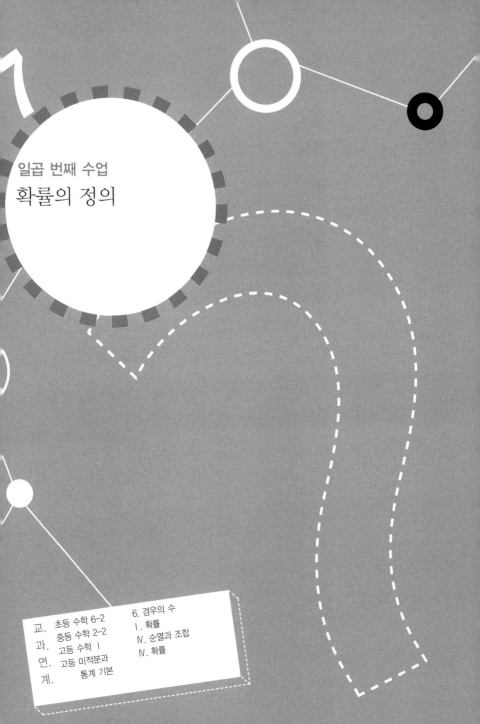

일곱 번째 수업
확률의 정의

파스칼은 드디어 확률에 대해
알아볼 수 있게 되어 신이 나서
일곱 번째 수업을 시작했다.

경우의 수 구하는 방법을 이용하여 지금부터 확률의 뜻을
알아보겠습니다.

파스칼이 동전을 던졌다.

동전의 앞면이 나왔군요.

파스칼이 다시 동전을 던졌다.

이번에는 동전의 뒷면이 나왔군요. 동전을 던지면 앞면이 나오거나 뒷면이 나옵니다. 그 외의 경우는 일어나지 않지요.

여러분이 동전의 앞면이 나오기를 원한다고 합시다. 그렇다고 여러분이 던질 때마다 동전의 앞면이 나올 수는 없습니다. 던진 동전의 어느 면이 나올지는 아무도 모르는 일이기 때문입니다.

하지만 분명한 것은 다음 2가지 경우 중 1가지가 일어난다는 것입니다.

① 동전의 앞면이 나온다.

② 동전의 뒷면이 나온다.

이렇게 일어나는 각 경우들이 공평할 때 우리는 확률을 정의할 수 있습니다. 확률은 다음과 같이 정의됩니다.

$$(\text{확률}) = \frac{(\text{원하는 경우의 수})}{(\text{전체 경우의 수})}$$

이제 동전을 던질 때 앞면이 나올 확률을 구해 봅시다. 일어나는 경우는 앞면 또는 뒷면이므로 전체 경우의 수는 2가지입니다. 우리가 원하는 경우는 앞면이 나오는 경우이므로 경우의 수는 1가지입니다. 그러므로 앞면이 나올 확률은 $\frac{1}{2}$이 됩니다. 그럼 뒷면이 나올 확률은 얼마일까요?

— $\frac{1}{2}$입니다.

그래요. 동전을 던질 때 일어나는 경우는 앞면과 뒷면 2가지인데 각 경우의 확률을 모두 더하면 $\frac{1}{2} + \frac{1}{2} = 1$이 됩니다. 이것은 확률의 중요한 성질입니다.

여러 가지 경우가 일어날 때 각 경우의 확률들의 합은 항상 1이다.

이번에는 주사위를 던져 봅시다.

파스칼이 주사위를 던졌다.

1의 눈이 나왔군요. 그럼 주사위를 던졌을 때 일어나는 각 경우를 나열해 봅시다.

① 1의 눈이 나온다.

② 2의 눈이 나온다.

③ 3의 눈이 나온다.

④ 4의 눈이 나온다.

⑤ 5의 눈이 나온다.

⑥ 6의 눈이 나온다.

모두 6가지 경우가 나오는군요. 그러므로 전체 경우의 수 는 6입니다.

그럼 1의 눈이 나올 확률은 얼마일까요? 1의 눈이 나오는 경우는 1가지이니까 확률은 $\frac{1}{6}$입니다. 다른 눈이 나올 확률도 마찬가지로 $\frac{1}{6}$이 됩니다.

그러므로 주사위를 던졌을 때 나오는 각 경우의 확률의 합은 1이 됩니다.

$$\frac{1}{6} + \frac{1}{6} + \frac{1}{6} + \frac{1}{6} + \frac{1}{6} + \frac{1}{6} = 1$$

병 속의 공 꺼내기

파스칼은 조그만 병을 가지고 왔다. 병목으로 손을 넣을 수는 있지만 안에 들어 있는 것은 볼 수 없었다.

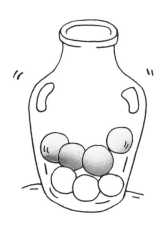

이 병 안에는 검은 공이 4개, 흰 공이 3개 들어 있습니다. 공 1개를 꺼낼 때 검은 공일 확률은, 전체 공은 7개이고 검은 공은 4개이므로 $\frac{4}{7}$가 됩니다. 그렇다면 흰 공 하나를 뽑을 확률은 얼마지요?

— $\frac{3}{7}$입니다.

맞았어요. 이번에는 공 2개를 뽑는 경우를 따져 봅시다. 공 2개를 뽑으면 다음과 같이 3가지 경우 중 하나가 일어납니다.

① 모두 흰 공
② 하나만 흰 공
③ 모두 검은 공

먼저 모두 흰 공일 확률을 구해 봅시다. 우선 전체 경우의 수를 따져야 합니다. 공의 색깔을 생각하지 않으면 공은 모두 7개입니다. 그러니까 7개의 공에서 2개를 뽑는 경우의 수가 바로 전체 경우의 수입니다.

$$(\text{전체 경우의 수}) = \frac{7 \times 6}{2 \times 1} = 21(\text{가지})$$

이제 원하는 경우의 수를 살펴봅시다.

2개의 공이 모두 흰 공이기를 원합니다. 그러니까 흰 공들 중에서 2개를 뽑아야 합니다. 흰 공은 모두 3개 들어 있는데 그중에서 2개의 흰 공을 뽑는 경우의 수가 원하는 경우의 수입니다.

$$(원하는 경우의 수) = \frac{3 \times 2}{2 \times 1} = 3(가지)$$

따라서 흰 공 2개를 뽑을 확률은 $\frac{3}{21} = \frac{1}{7}$ 이 됩니다.

이번에는 흰 공 1개와 검은 공 1개를 뽑을 확률을 구해 봅시다. 전체 경우의 수는 물론 21가지입니다. 이제 원하는 경우의 수만 구하면 되겠군요.

흰 공 1개와 검은 공 1개를 뽑는다는 것은 흰 공 3개 중에서 1개의 흰 공을 뽑고, 검은 공 4개 중에서 1개를 뽑는 것입니다. 흰 공 3개에서 1개의 흰 공을 뽑는 경우의 수는 3가지입니다. 이렇게 흰 공 1개를 뽑았다고 합시다. 그럼 4개의 검은 공 중에서 1개의 검은 공을 뽑아야 합니다. 이 방법은 4가지입니다.

그러므로 흰 공 1개를 뽑는 3가지 방법 각각에 대해 검은 공을 뽑는 방법이 4가지입니다. 이것을 그림으로 그리면 다음 페이지와 같습니다.

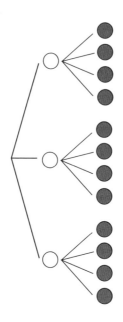

그러니까 원하는 경우의 수는 3 × 4 = 12(가지)입니다. 그러므로 흰 공 1개, 검은 공 1개를 뽑을 확률은 $\frac{12}{21} = \frac{4}{7}$ 입니다.

마지막으로 검은 공 2개를 뽑을 확률을 구해 봅시다. 전체 경우의 수는 21가지입니다. 원하는 경우는 검은 공 2개를 뽑는 것입니다. 그러므로 원하는 경우의 수는 4개의 검은 공 중에서 2개의 검은 공을 뽑는 방법의 수인 $\frac{4 \times 3}{2 \times 1}$ = 6(가지)입니다. 그러므로 검은 공 2개를 뽑을 확률은 $\frac{6}{21} = \frac{2}{7}$ 입니다.

지금까지 구한 확률을 모두 정리해 보면 다음과 같습니다.

① 모두 흰 공일 확률 = $\dfrac{1}{7}$

② 하나만 흰 공일 확률 = $\dfrac{4}{7}$

③ 모두 검은 공일 확률 = $\dfrac{2}{7}$

이때도 각 경우의 확률의 합이 1이 됨을 알 수 있습니다.

$$\dfrac{1}{7} + \dfrac{4}{7} + \dfrac{2}{7} = 1$$

너 확률이 뭔지 아니?

훗, 잘 봐. 확률이란 동전을 던져서 앞면이 나올지 뒷면이 나올지에 대한 그러니까….

확률이라는 것이 알 것 같아도 설명하기가 어렵죠?

하하, 그러네요.

동전을 던지면 앞면 또는 뒷면이 나오고 그 외의 경우는 없죠. 게다가 앞면이 나오길 원한다고 해도 던질 때마다 동전의 앞면이 나오지는 않습니다.

진 동전의 어느 면이 나올지는 아 도 모르는 일입니다. 하지만 분명 것은 동전의 앞면 또는 뒷면, 2가 중 1가지가 나온다는 것이죠.

이렇게 일어나는 각 경우들이 공평할 때, 우리는 확률을 정의할 수 있으며 다음과 같이 정의됩니다.

$$(확률) = \frac{(원하는 \ 경우의 \ 수)}{(전체 \ 경우의 \ 수)}$$

즉, 동전의 앞면과 뒷면이 나올 확률은 각각 $\frac{1}{2}$이 되는 것이죠.

률의 중요한 성질이 있 요. 그건 여러 가지 경우 일어날 때 각 경우의 률의 합은 항상 1이 된 는 것이죠.

$(동전 \ 앞면이 \ 나올 \ 확률)$
$+ (동전 \ 뒷면이 \ 나올 \ 확률)$
$= \frac{1}{2} + \frac{1}{2} = 1$

아하~ 그렇구나.

8

확률의 법칙

확률은 어떤 법칙을 만족할까요?
확률의 덧셈법칙과 곱셈법칙에 대해 알아봅시다.

파스칼의 여덟 번째 수업은
확률의 덧셈법칙과
곱셈법칙에 대한 것이었다.

파스칼은 1부터 10까지 적힌 10장의 숫자 카드를 가지고 왔다.

이 카드 중에서 1장의 카드를 뽑는 경우를 생각해 봅시다.
이때 뽑힌 카드가 3의 배수 또는 4의 배수일 확률을 구해 보
기로 합시다.

전체 경우의 수는 10가지 중 원하는 경우의 카드는 다음 페
이지와 같습니다.

원하는 경우의 수는 5가지이군요. 그러니까 구하는 확률은 $\frac{5}{10} = \frac{1}{2}$이 됩니다.

3의 배수 또는 4의 배수가 나온다는 것은 다음과 같은 두 경우입니다.

① 3의 배수가 나온다.
② 4의 배수가 나온다.

3의 배수가 나올 확률은, 전체 경우의 수가 10가지이고 3의 배수는 3가지이므로, $\frac{3}{10}$이 됩니다. 또한 4의 배수가 나올 확률은, 전체 경우의 수가 10가지이고 4의 배수는 2가지이므로 $\frac{2}{10}$가 됩니다.

이 두 확률을 더하면 $\frac{3}{10} + \frac{2}{10} = \frac{5}{10}$가 됩니다.

그러므로 두 경우가 '또는'으로 연결되어 있으면 각 경우의 확률의 합이 전체 확률이 됩니다. 이것을 확률의 덧셈법칙이라고 합니다.

이제 확률의 곱셈법칙에 대해 알아보겠습니다.

파스칼이 2개의 주사위를 동시에 던졌다.

두 주사위의 눈이 모두 1이 나왔군요. 이것은 우연한 결과입니다.

그럼 이런 식으로 2개의 주사위를 던졌을 때 두 주사위의 눈이 같아질 확률을 구해 봅시다.

먼저 전체 경우의 수를 구해야 합니다. 각 주사위가 서로 다른 눈이 나오는 경우의 수는 6가지입니다. 그러니까 2개의 주사위를 동시에 던질 때 나타나는 경우의 수는 $6 \times 6 = 36$(가지)이 되지요.

그럼 원하는 경우의 수는 얼마일까요? 우리가 원하는 경우는 다음 페이지와 같습니다.

6가지 경우가 되는군요. 그러니까 2개의 주사위를 던져 같은 눈이 나올 확률은 $\dfrac{6}{36} = \dfrac{1}{6}$ 이 됩니다. 이 상황을 다음과 같이 분석해 봅시다.

첫 번째 주사위 1 그리고 두 번째 주사위 1

또는

첫 번째 주사위 2 그리고 두 번째 주사위 2

또는

첫 번째 주사위 3 그리고 두 번째 주사위 3

또는

첫 번째 주사위 4 그리고 두 번째 주사위 4

또는

첫 번째 주사위 5 그리고 두 번째 주사위 5

또는

첫 번째 주사위 6 그리고 두 번째 주사위 6

첫 번째 주사위가 1이 나올 확률은 $\frac{1}{6}$ 입니다. 또한 두 번째 주사위가 1이 나올 확률 역시 $\frac{1}{6}$ 이 됩니다. 그러므로 첫 번째 주사위가 1이 나오고 두 번째 주사위가 1이 나올 확률은 $\frac{1}{36}$ 이 되지요. 이것은 $\frac{1}{36} = \frac{1}{6} \times \frac{1}{6}$ 의 결과입니다. 이렇게 두 경우가 '그리고'로 연결되어 있을 때는 각 경우의 확률의 곱이 구하는 확률이 됩니다. 이것을 확률의 곱셈법칙이라고 합니다.

그럼 다른 5가지 경우의 확률도 모두 $\frac{1}{36}$ 이 됩니다. 그리고 6가지 경우는 모두 '또는'으로 연결되어 있으므로 확률의 덧셈법칙에 의해 전체 확률은 다음과 같습니다.

$$\frac{1}{36} + \frac{1}{36} + \frac{1}{36} + \frac{1}{36} + \frac{1}{36} + \frac{1}{36} = \frac{6}{36} = \frac{1}{6}$$

아하! 같은 결과가 되었군요. 이렇게 확률의 곱셈법칙과 덧셈법칙을 잘 사용하면 복잡한 경우의 확률을 쉽게 구할 수 있답니다.

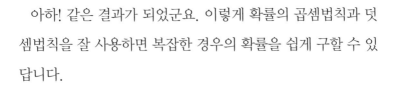

우승 확률

개 팀과 고양이 팀이 5번을 싸워 먼저 3번 이기는 팀이 우승한다고 합시다. 이미 두 팀이 3번을 싸워 처음 2번은 개 팀이 이겼고, 세 번째 경기는 고양이 팀이 이겼다고 합시다. 그럼 개 팀이 우승할 확률은 얼마일까요? 또 고양이 팀이 우승할 확률은 얼마일까요?

개 팀이 1번 더 이겼으니까 두 팀의 우승 확률이 다를 것입니다. 누구의 우승 확률이 더 높을까요?

__개 팀입니다.

그렇지요. 개 팀이 우승할 가능성이 고양이 팀이 우승할 가능성보다 높다는 것은 누구나 알 수 있습니다. 그리고 그 차이가 얼마나 되는가는 확률을 통해 알 수 있습니다.

먼저 개 팀이 우승할 확률을 구해 보겠습니다. 개 팀이 이겼을 때는 개의 얼굴을, 고양이 팀이 이겼을 때는 고양이의 얼굴을 나타내면 현재까지의 상황은 다음과 같습니다.

 개 팀은 1번만 더 이기면 되니까 네 번째 경기에서 이겨도 되고, 네 번째 경기를 졌다 해도 다섯 번째 경기를 이기면 우승하게 됩니다. 그러니까 개 팀이 우승하는 경우는 다음 2가지 경우 중 하나입니다.

 먼저 개 팀이 네 번째 경기를 이겨 우승할 확률은 한 경기만 이기면 되니까 $\frac{1}{2}$입니다. 이기고 지는 것은 누구도 알 수 없으므로 이길 확률이나 질 확률이나 $\frac{1}{2}$이 되지요.

개 팀이 네 번째 경기를 지고 다섯 번째 경기를 이겨 우승하는 경우를 봅시다. 네 번째 경기를 질 확률은 $\frac{1}{2}$이고 다섯 번째 경기를 이길 확률 역시 $\frac{1}{2}$이므로, 곱셈법칙에 따라 이 경우의 확률은 $\frac{1}{2} \times \frac{1}{2} = \frac{1}{4}$입니다.

개 팀이 우승하게 되는 이 2가지 경우는 '또는'으로 연결되어 있습니다. 그러므로 덧셈법칙에 의해 개 팀이 우승할 확률은 $\frac{1}{2} + \frac{1}{4} = \frac{3}{4}$이 됩니다.

이제 고양이 팀이 우승할 확률을 구해 봅시다. 고양이 팀은 남은 두 경기를 모두 이겨야만 우승을 할 수 있습니다. 그러므로 다음과 같습니다.

즉, 고양이 팀은 네 번째 경기를 이기고 또 다섯 번째 경기를 이겨야 합니다. 고양이 팀이 네 번째 경기를 이길 확률은 $\frac{1}{2}$이고 다섯 번째 경기를 이길 확률은 $\frac{1}{2}$이므로, 곱셈법칙에 의해 고양이 팀이 두 경기를 모두 이겨서 우승할 확률은 $\frac{1}{2} \times \frac{1}{2} = \frac{1}{4}$이 됩니다.

그러므로 지금까지 구한 것을 정리하면 다음과 같습니다.

개 팀의 우승 확률 $= \dfrac{3}{4}$

고양이 팀의 우승 확률 $= \dfrac{1}{4}$

경기는 개 팀이 우승하거나 고양이 팀이 우승하겠지요? 이 때 2가지 경우의 확률의 합은 $\dfrac{3}{4} + \dfrac{1}{4} = 1$이 됨을 알 수 있습니다. 이렇게 모든 경우의 확률의 합은 항상 1이 됩니다.

뭘 그렇게 생각하고 있나요?

미애 반과 야구 경기를 하고 있는데, 우리 반의 우승 확률이 어떻게 되는지 생각 중이에요. 지금까지의 경기 결과는 다음과 같아요.

	경기1	경기2	경기3
철이 반	O	O	X
미애 반	X	X	O

이때는 확률의 곱셈법칙과 덧셈법칙을 잘 사용하면 복잡한 경우의 확률을 쉽게 구할 수 있지요.

어떻게요?

곱셈법칙? 덧셈법칙?

이 반은 한 번만 더 이기면 되니까 번째 경기에서 이겨도 되고, 네 번 경기를 졌다 해도 다섯 번째 경기 이기면 우승하게 되지요.

	경기4	경기5
경우 1	O	·
경우 2	X	O

각각의 경우가 일어날 확률을 살펴볼까요? 우선 이기고 지는 것은 누구도 알 수 없으므로 이길 확률이나 질 확률이나 $\frac{1}{2}$이지요.

그럼 경우 1은 네 번째 경기만 이기면 되니까 우승할 확률은 $\frac{1}{2}$이 되겠지요.

우 2를 보면, 네 번째 경기를 질 확 과 다섯 번째 경기를 이길 확률이 는 $\frac{1}{2}$이니까 곱셈법칙에 따라 률은 $\frac{1}{4}$이 돼요.

따라서 철이 반이 우승하게 되는 경우는 경우 1 또는 경우 2이므로 덧셈법칙에 의해 철이 반이 우승할 확률은 $\frac{3}{4}$입니다.

곱셈법칙 $\frac{1}{2} \times \frac{1}{2} = \frac{1}{4}$

덧셈법칙 $\frac{1}{2} + \frac{1}{4} = \frac{3}{4}$

미애 반은 네 번째, 다섯 번째 경기를 모두 이겨야 우승할 수 있으므로 우승할 확률은 곱셈법칙에 의해 $\frac{1}{4}$이 되겠지요.

곱셈법칙 $\frac{1}{2} \times \frac{1}{2} = \frac{1}{4}$

그렇게 구하면 되는군요.

기댓값이란 무엇일까요?

어떤 게임이 공평한지 그렇지 않은지를 어떻게 알 수 있을까요?
기댓값에 대해 알아봅시다.

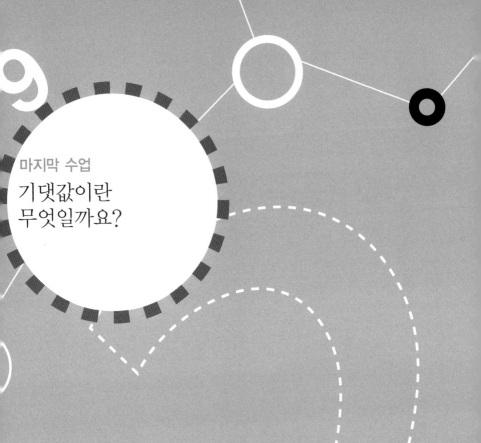

마지막 수업

기댓값이란
무엇일까요?

파스칼은 학생들과의
헤어짐을 아쉬워하며
마지막 수업을 시작했다.

확률 여행의 마지막 날이군요. 오늘은 기댓값에 대해 알아
보겠습니다.

먼저 동전을 2번 던지는 경우를 생각해 보겠습니다.

파스칼은 동전을 던졌다.

앞면이 나왔군요.

파스칼은 동전을 다시 던졌다.

이번에는 뒷면이 나왔군요.

이런 식으로 동전을 2번 던지면 다음과 같은 4가지 경우 중
1가지가 생깁니다.

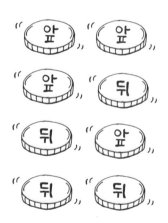

여기서 앞면의 개수에 관심을 가져 봅시다.

나타날 수 있는 앞면의 개수를 표로 정리하면 다음과 같습니다.

앞면의 개수(개)	나오는 경우
0	"뒤", "뒤"
1	"앞", "뒤", "뒤", "앞"
2	"앞", "앞"

아하! 전체 4가지 경우 중에서 앞면이 1개 나타나는 경우가 2가지이군요.

그러므로 앞면의 개수에 대한 확률은 다음과 같습니다.

앞면이 0개일 확률 $= \dfrac{1}{4}$

앞면이 1개일 확률 $= \dfrac{2}{4}$

앞면이 2개일 확률 $= \dfrac{1}{4}$

여기서 앞면이 0개인 경우는 첫 번째 동전이 뒷면이고 두 번째 동전도 뒷면일 경우입니다. 하나의 동전을 던져 뒷면이 나올 확률이 $\frac{1}{2}$이므로 곱셈법칙에 의해 앞면이 0개일 확률은 $\frac{1}{2} \times \frac{1}{2}$이 됩니다.

같은 요령으로 앞면이 2개일 확률은 첫 번째 동전의 앞면이 나올 확률과 두 번째 동전의 앞면이 나올 확률의 곱이므로 $\frac{1}{2} \times \frac{1}{2}$이 됩니다.

그럼 앞면이 1개일 확률은 왜 $\frac{2}{4}$가 될까요? 앞면이 1개인 경우는 다음과 같기 때문입니다.

① 첫 번째 동전 앞면 그리고 두 번째 동전 뒷면

또는

② 첫 번째 동전 뒷면 그리고 두 번째 동전 앞면

따라서 ①과 ②가 일어날 확률은 각각 $\frac{1}{2} \times \frac{1}{2} = \frac{1}{4}$이 됩니다.

그러므로 ① 또는 ②가 일어날 확률은 덧셈법칙에 의해 $\frac{1}{4} + \frac{1}{4} = \frac{2}{4} = \frac{1}{2}$이 되는 것입니다.

＿덧셈법칙과 곱셈법칙은 아주 유용하군요.

기댓값

동전 2개를 던져 앞면이 나온 횟수에 따라 상금을 받는 게임을 생각해 봅시다.

그럼 이 게임의 상금의 액수와 참가비는 얼마가 되도록 정해야 할까요?

예를 들어, 앞면이 나올 때 동전 하나에 100원씩을 주고 참가비는 1,000원이라고 해 보지요.

파스칼은 미화에게 가짜 돈 1,000원짜리 2장을 주었다. 미화는 참가비 1,000원을 내고 2개의 동전을 던졌다.

내가 미화에게 200원을 주면 되겠군요. 그래도 나는 800원을 벌었어요.

미화가 다시 1,000원을 내고 2개의 동전을 던졌다.

내가 미화에게 200원을 주면 되는군요. 이번에도 나는 800원을 벌었어요.

하지만 미화는 2번 모두 동전의 앞면이 가장 많이 나오게 던졌는데도 돈을 따기는커녕 오히려 원래 가지고 있던 2,000원에서 1,600원을 잃었습니다. 그러니까 이 게임은 불공평한 게임입니다.

이번에는 앞면이 나올 때 동전 하나에 100원씩을 주고 참가비는 10원이라고 해 보지요.

파스칼은 태호에게 가짜 돈 10원짜리 2개를 주었다. 태호는 참가비 10원을 내고 2개의 동전을 던졌다.

내가 태호에게 100원을 주면 되는군요. 그러니까 나는 90원을 잃고 태호는 90원을 벌었습니다.

태호는 10원을 내고 2개의 동전을 다시 던졌다.

이번에는 내가 이겼군요. 그러니까 이번 판에서는 내가 10원을 벌었습니다.

하지만 두 게임을 통해 나는 80원을 잃었습니다. 반면에 태호는 2번을 통해 앞면이 단 1번밖에 나오지 않았는데도 80원을 벌었습니다. 이것 역시 불공평합니다. 참가비가 잘못 정해졌기 때문이지요.

그럼 참가비를 얼마로 해야 공평한 게임이 될까요? 앞면의 개수에 따른 상금과 확률은 다음과 같습니다.

앞면이 0개 : 상금 0원, 확률 $= \dfrac{1}{4}$

앞면이 1개 : 상금 100원, 확률 $= \dfrac{2}{4}$

앞면이 2개 : 상금 200원, 확률 = $\frac{1}{4}$

각 상금 액수에 확률을 곱하여 더해 봅시다.

$$\left(0 \times \frac{1}{4}\right) + \left(100 \times \frac{2}{4}\right) + \left(200 \times \frac{1}{4}\right) = 100(원)$$

이렇게 구한 값 100원은 이 게임에서 동전 2개를 던지는 사람이 기대할 수 있는 상금입니다. 그러니까 여러 번 이 게임을 하면 평균적으로 한 판에 100원 정도의 상금을 얻을 수 있다는 뜻입니다.

그러므로 이 금액의 2배인 200원을 참가비로 정해야 공평합니다.

게임에서 얻을 수 있을 것으로 기대되는 상금의 2배를 참가비로 정하는 것이 가장 공평하다.

객관식 문제 찍기

초등학생에게 고등학교의 객관식 문제를 내면 정답을 모르기 때문에 어쩔 수 없이 아무렇게나 답을 선택해야 합니다. 정답이 1개인 4지 선다형 문제가 4개 출제되었고, 이때 답을 아무렇게나 선택한다고 합시다.

그렇다면 보기는 4개이고 정답은 하나이므로 아무렇게나 답을 적었을 때 답이 될 확률은 $\frac{1}{4}$ 이고, 답이 되지 않을 확률은 $\frac{3}{4}$ 이 됩니다. 이때 맞힐 수 있는 문제의 개수는 다음과 같습니다.

① 0문제
② 1문제
③ 2문제
④ 3문제
⑤ 4문제

이제 각 경우에 대한 확률을 구해 봅시다.

먼저 0문제를 맞힌 경우는 4개의 문제를 모두 틀린 경우입니다. 그러니까 다음과 같지요.

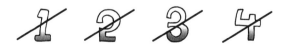

각 문제를 틀릴 확률은 $\dfrac{3}{4}$이므로 4문제를 모두 틀릴 확률

은 $\dfrac{3}{4} \times \dfrac{3}{4} \times \dfrac{3}{4} \times \dfrac{3}{4} = \dfrac{81}{256}$ 입니다.

＿곱셈법칙을 사용하니까 쉽게 구해지네요.

그렇죠? 1문제를 맞히는 경우는 다음과 같습니다.

맞힌 한 문제가 1번일 수도 있고 2, 3, 4번 중 하나일 수도

있습니다. 각 경우의 확률을 나열하면 다음과 같습니다.

1번만 맞힐 확률 $= \dfrac{1}{4} \times \dfrac{3}{4} \times \dfrac{3}{4} \times \dfrac{3}{4} = \dfrac{27}{256}$

2번만 맞힐 확률 $= \dfrac{3}{4} \times \dfrac{1}{4} \times \dfrac{3}{4} \times \dfrac{3}{4} = \dfrac{27}{256}$

3번만 맞힐 확률 $= \dfrac{3}{4} \times \dfrac{3}{4} \times \dfrac{1}{4} \times \dfrac{3}{4} = \dfrac{27}{256}$

4번만 맞힐 확률 $= \dfrac{3}{4} \times \dfrac{3}{4} \times \dfrac{3}{4} \times \dfrac{1}{4} = \dfrac{27}{256}$

그러므로 1문제를 맞힐 확률은 각각의 확률의 합인 $\frac{108}{256}$ 입니다. 모든 경우를 보면 틀릴 확률인 $\frac{3}{4}$ 이 3번 곱해지고 맞힐 확률인 $\frac{1}{4}$ 이 1번 곱해진다는 것을 알 수 있습니다.

2문제를 맞히는 경우는 다음과 같은 6가지 경우입니다.

1, 2번만 맞힐 확률 = $\frac{1}{4} \times \frac{1}{4} \times \frac{3}{4} \times \frac{3}{4} = \frac{9}{256}$

1, 3번만 맞힐 확률 = $\frac{1}{4} \times \frac{3}{4} \times \frac{1}{4} \times \frac{3}{4} = \frac{9}{256}$

1, 4번만 맞힐 확률 = $\frac{1}{4} \times \frac{3}{4} \times \frac{3}{4} \times \frac{1}{4} = \frac{9}{256}$

2, 3번만 맞힐 확률 = $\frac{3}{4} \times \frac{1}{4} \times \frac{1}{4} \times \frac{3}{4} = \frac{9}{256}$

2, 4번만 맞힐 확률 = $\frac{3}{4} \times \frac{1}{4} \times \frac{3}{4} \times \frac{1}{4} = \frac{9}{256}$

3, 4번만 맞힐 확률 = $\frac{3}{4} \times \frac{3}{4} \times \frac{1}{4} \times \frac{1}{4} = \frac{9}{256}$

각 경우의 확률은 틀릴 확률인 $\frac{3}{4}$이 2번 곱해지고 맞힐 확률인 $\frac{1}{4}$이 2번 곱해진 형태입니다. 그러므로 2문제를 맞힐 확률은 각각의 확률의 합인 $\frac{54}{256}$입니다.

3문제를 맞히는 경우는 다음과 같습니다.

$$\text{1, 2, 3번을 맞힐 확률} = \frac{1}{4} \times \frac{1}{4} \times \frac{1}{4} \times \frac{3}{4} = \frac{3}{256}$$

$$\text{1, 2, 4번을 맞힐 확률} = \frac{1}{4} \times \frac{1}{4} \times \frac{3}{4} \times \frac{1}{4} = \frac{9}{256}$$

$$\text{1, 3, 4번을 맞힐 확률} = \frac{1}{4} \times \frac{3}{4} \times \frac{1}{4} \times \frac{1}{4} = \frac{9}{256}$$

$$\text{2, 3, 4번을 맞힐 확률} = \frac{3}{4} \times \frac{1}{4} \times \frac{1}{4} \times \frac{1}{4} = \frac{9}{256}$$

따라서 3문제를 맞힐 확률은 각각의 확률의 합인 $\frac{12}{256}$입니다.

마지막으로 4문제를 모두 맞힐 경우는 다음과 같습니다.

그러므로 확률은 $\dfrac{1}{4} \times \dfrac{1}{4} \times \dfrac{1}{4} \times \dfrac{1}{4} = \dfrac{1}{256}$ 이 됩니다.

지금까지 구한 확률을 모두 정리하면 다음과 같습니다.

0문제를 맞힐 확률 $= \dfrac{81}{256}$

1문제를 맞힐 확률 $= \dfrac{108}{256}$

2문제를 맞힐 확률 $= \dfrac{54}{256}$

3문제를 맞힐 확률 $= \dfrac{12}{256}$

4문제를 맞힐 확률 $= \dfrac{1}{256}$

이때도 모든 경우의 확률의 합은 1이 됨을 알 수 있습니다.

$$\dfrac{81}{256} + \dfrac{108}{256} + \dfrac{54}{256} + \dfrac{12}{256} + \dfrac{1}{256} = 1$$

이것을 보면 아무렇게나 답을 적었을 때 많은 문제를 맞힐 확률은 아주 낮다는 것을 알 수 있습니다.

그럼 4지 선다형 문제 4개를 아무렇게나 찍었을 때 맞힐 수 있는 문제 개수의 기댓값은 몇 개나 될까요? 그것은 다음과 같이 구할 수 있습니다.

$$\left(0\times\frac{81}{256}\right)+\left(1\times\frac{108}{256}\right)+\left(2\times\frac{54}{256}\right)+\left(3\times\frac{12}{256}\right)+\left(4\times\frac{1}{256}\right)=1(문제)$$

기대할 수 있는 문제의 개수는 1개입니다. 그러니까 1점짜리 4지 선다형 4문제를 아무렇게나 찍으면 기대할 수 있는 점수는 1점이 됩니다.

미애야, 나한테 1,000원을 주면 동전 2개를 던져서 동전 앞면이 나오는 개수만큼 100원을 줄게.

정말이지? 그럼 1,000원을 내고 동전 2개를 던질게.

야호! 동전 2개 모두 앞면이니까 어서 200원 줘.

알았어.

크크크, 그래. 나는 800원이 남지롱!

그런데 조금 이상해. 나는 동전의 앞면이 가장 많이 나오게 던졌는데, 돈을 따기는커녕 오히려 800원을 잃었어. 이 게임은 불공평한 게임 같아.

그건 참가비가 잘못 정해졌기 때문입니다.

앞면의 개수(개)	0	1	2
상금(원)	0	100	200
확률	$\frac{1}{4}$	$\frac{2}{4}$	$\frac{1}{4}$

$$0 \times \frac{1}{4} + 100 \times \frac{2}{4} + 200 \times \frac{1}{4} = 100 \,(원)$$

앞면의 개수에 따른 상금과 확률은 다음과 같으며 각각을 곱하여 더해 보면 100원이 됩니다.

이 100원이 게임에서 미애가 기대할 수 있는 상금, 즉 미애가 평균적으로 한 판에 얻을 수 상금이지요. 그래서 이 금액의 2배인 200원을 참가비로 정해야 공평하게 됩니다.

100원? 200원?

너, 날 속인 거지!

속인 게 아니라 확률을 잘 모르는 널 놀린 거지, 크크크.

하하하하.

지구를 지키는
확률 게임

이 글은 저자가 창작한 동화입니다.

지구를 지키는
확률 게임

서기 2700년, 지구는 커다란 세계 대전을 치러 모든 어른들이 사라졌습니다.

그리하여 초등학생들이 지구의 문명을 복원하기 위해 매스피아 공화국이라는 나라를 세웠습니다. 매스피아 공화국의 초대 대통령은 초등학교 6학년에 다니는 스태티 군이었습니다.

스태티 대통령은 모든 과목 중에서 특히 수학을 좋아했기 때문에 수학부를 만들었습니다. 그리고 초대 수학부 장관에, 5살 때 이미 대학 수학 문제를 모두 풀었던 천재 소년 프로브 군을 임명했습니다.

프로브 장관은 새로운 수학 문제를 매주 신문에 출제하여 문제를 푸는 아이들에게 경품을 주었습니다. 그래서인지 매스피아 공화국의 아이들은 모두 수학을 좋아했습니다.

그러던 어느 날 매스피아 공화국의 수도인 빌리티 시 상공에 UFO가 나타났습니다. 그리고 메시지가 들려왔습니다.

"우리는 안드로메다 은하에 있는 캘큐리 행성에서 왔다. 너희들이 수학을 잘한다고? 하하, 가소롭군! 우리 캘큐리 행성은 우주 최고의 수학자들이 모여 사는 행성이다. 너희들은 우리의 수학 실력에 비교도 안 될 수준일 것이다. 하지만 기회를 주겠다. 우리와 수학 게임을 하여 너희들이 이기면 우리는 지구를 공격하지 않을 것이다. 하지만 너희들이 진다면

지구는 우리 소유가 될 것이다.”

UFO의 메시지는 빌리티 시의 아이들이 모두 들을 수 있도록 쩌렁쩌렁하게 울려 퍼졌습니다. 빌리티 시의 아이들은 모두 겁에 질린 표정이었습니다.

스태티 대통령은 긴급 내각 회의를 소집했습니다. 그리고 대책을 의논했습니다.

“어떻게 하면 좋겠습니까?”

대통령이 말했습니다.

“전쟁을 하죠.”

온라인 서바이벌 게임에 중독된 국방부 장관이 말했습니다.

“게임은 확률이라는 수학에 의해 지배됩니다. 어떤 게임인지 모르지만 우리 매스피아 공화국에는 수학 천재들이 많습

니다. 그러므로 어떤 게임을 한다고 해도 우리가 밀리지는 않을 것입니다. 제게 맡겨 주십시오."

프로브 수학부 장관이 강경한 어조로 말했습니다.

"좋아요. 그럼 수학부 장관이 협상을 해 보도록 하세요."

대통령이 환하게 미소를 지으며 말했습니다.

이리하여 지구의 수학 천재들과 외계인들 사이에 지구를 건 게임을 하게 되었습니다. 프로브 장관은 UFO에 대고 말했습니다.

"당신들의 제의를 받아들이겠습니다. 직접 만나서 협상합시다."

잠시 후 UFO가 빌리티 시 광장에 천천히 착륙했습니다. 문이 열리면서 유난히 머리와 귀가 큰 2명의 외계인이 걸어 나왔습니다.

"나는 캘큐리 행성의 위대한 수학자인 칼크라스요. 그리고 여기는 나의 여자 친구이자 수학의 2인자인 토푸치요. 우리 가 2명이니까 당신들도 2명이 한 팀을 이루어 2 대 2로 게임 을 해 봅시다."

머리가 크고 머리숱이 적은 칼크라스가 말했습니다.

"좋아요. 저는 이 나라의 수학부 장관인 프로브예요. 옆에 있는 사람은 게임 수학의 도사인 게이미 양이고요. 우리 둘 이 한 팀을 이룰게요."

"좋소. 그럼 각각 한 게임씩 정해서 두 게임을 하고, 비기면 가위바위보를 해서 이긴 팀이 세 번째 게임을 정하도록 합시 다. 그러니까 3판 2승제이죠."

칼크라스가 말했습니다.

"좋습니다."

프로브는 게이미를 흘낏 쳐다보고 대답했습니다.

"오랜 여행 때문에 피곤하니까 첫 게임은 내일 아침에 합시 다."

"그렇게 하죠."

이렇게 외계인과 지구인들은 지구를 걸고 게임을 하기로 결정했습니다. 많은 지구인들이 TV를 통해 협상 과정을 지켜보았습니다.

다음 날 아침 외계인 팀과 지구 팀은 빌리티 시 강당에 마련된 테이블에서 첫 번째 게임을 치르기로 했습니다. 강당에는 조그만 테이블이 준비되어 있고, 4명이 앉을 수 있는 의자가 있었습니다. 많은 빌리티 시민들이 지구 팀을 응원하기 위해 새벽부터 관중석에 몰려들었습니다.

"첫 번째 게임은 우리가 정하겠소. 1부터 10까지 적힌 10장의 카드를 아무렇게나 섞어 뒤집어 놓을 거요. 몇 장의 카드를 가지고 가도 좋으니 숫자의 합이 20을 넘지 않되 20에 가

까운 사람이 이기는 걸로 하죠."

칼크라스는 10장의 숫자 카드를 섞었습니다. 그리고 뒤집
어 놓았습니다. 칼크라스가 먼저 뽑았습니다. 1이었습니다.
프로브도 1장을 뽑았습니다. 2였습니다.

"좀 더 뽑아야겠군요."

칼크라스가 징그럽게 웃으며 말했습니다. 두 번째는 칼크
라스가 3을, 프로브가 8을 뽑았습니다.

"우리가 20에 좀 더 가까워지고 있어."

프로브가 게이미 양에게 미소를 지으며 말했습니다. 세 번
째에는 칼크라스는 5를 프로브는 7을 뽑았습니다.

"우리는 합이 17이야. 이 정도면 이길 것 같아."

프로브가 신이 나서 말했습니다. 칼크라스는 기분이 나쁜 표정이었습니다. 그때 토푸치 양이 말했습니다.

"칼크라스! 우리가 유리해."

"무슨 말이지?"

칼크라스가 소리쳤습니다.

"우리가 이길 확률이 높다고."

"내 계산으로는 이길 확률이나 질 확률이 같은데……."

"어떻게 같지?"

"우리 카드의 합은 현재 9이고 남아 있는 카드는 4, 6, 9, 10이잖아. 그러니까 4 또는 6을 뽑으면 우리가 지고 9 또는

10을 뽑으면 우리가 이기잖아. 그럼 우리가 이길 확률이나 질 확률이나 똑같이 $\frac{1}{2}$이 되는 거 아냐?"

"칼크라스! 계산을 잘못했어."

"뭐가?"

"4나 6을 뽑는다고 무조건 지는 건 아니야. 뽑는 카드 수에는 제한이 없다고 했잖아. 그러니까 4를 뽑고 1장 더 뽑아 6이 나오거나 6을 뽑고 1장 더 뽑아 4가 나오면, 카드의 합이 19가 되니까 우리가 이긴단 말이야."

"우리가 이길 확률이 얼마지?"

"9 또는 10을 뽑으면 이기니까 그것을 뽑을 확률은 $\frac{1}{4} + \frac{1}{4}$ = $\frac{1}{2}$이고, 4를 뽑고 다시 6을 뽑을 확률은 $\frac{1}{4} \times \frac{1}{3} = \frac{1}{12}$이며 6을 뽑고 다시 4를 뽑을 확률 역시 $\frac{1}{12}$이 되거든. 그러니까 4와 6을 뽑았을 때 이길 확률은 $\frac{1}{12} + \frac{1}{12} = \frac{1}{6}$이야. 그러니까 우리가 이길 확률은 $\frac{1}{2} + \frac{1}{6} = \frac{2}{3}$란 말이야."

"그렇네. 그렇다면 슬퍼할 이유가 없군."

칼크라스는 카드 1장을 더 뽑았습니다. 4가 나왔습니다. 칼크라스는 다시 카드 1장을 더 뽑았습니다. 이번에는 6이었습니다.

최종 결과는 다음과 같았습니다.

칼크라스가 뽑은 카드에 적힌 숫자의 합은 19, 프로브는 17
이므로 첫 번째 게임은 외계인 팀의 승리였습니다. 게임을
지켜보던 스태티 대통령의 표정이 어두워졌습니다. 게이미
양과 프로브 군의 표정도 그리 밝아 보이지 않았습니다.

두 번째 게임은 하루를 쉬고 다음 날 치르기로 했습니다.
그사이 칼크라스와 토푸치는 빌리티 시내를 활보했습니다.
모든 시민들이 지나가는 두 사람에게 야유를 했습니다. 하지
만 두 사람은 아랑곳하지 않고 자신들이 소유하게 될 지구 곳
곳을 돌아다녔습니다.

한편 프로브 군과 게이미 양은 대책 회의를 하기 위해 캠프
로 들어갔습니다. 그들은 게임과 확률에 관한 많은 자료를
정리하면서 다음 게임을 준비했습니다.

드디어 두 번째 게임의 날이 왔습니다.

"이번에는 우리가 게임을 선택할 차례입니다."

프로브 군이 말했습니다.

"마음대로 하시오. 우리는 우주에서 가장 위대한 확률론자이니까 어떤 게임이든 자신 있소."

칼크라스가 자신만만하게 말했습니다.

프로브는 속이 보이지 않는 조그만 항아리와 10개의 구슬을 가지고 왔습니다.

"10개의 구슬이 있습니다. 5개는 검은 구슬이고 5개는 흰 구슬이에요. 물론 검은 구슬이나 흰 구슬이나 무게는 같아요. 또 손으로 만져서 구슬을 구분할 수는 없어요. 자, 이 구슬들을 항아리에 넣고 섞겠어요."

프로브는 구슬 10개를 항아리에 넣고 항아리를 힘차게 흔들었습니다.

"게임 요령은 뭐요?"

칼크라스가 못 기다리겠다는 듯이 물었습니다.

"바둑알을 100개씩 나누어 가지고 이 바둑알을 모두 잃어버리는 팀이 지는 걸로 합시다."

두 사람은 각각 바둑알이 100개씩 들어 있는 통을 나누어가졌습니다. 칼크라스는 혹시 지구인이 자신들을 속일까 봐일일이 바둑알를 헤아렸습니다. 물론 정확하게 100개였습니다.

"이제 게임 요령을 말해 주시오."

칼크라스가 다그쳤습니다.

"2개의 구슬을 꺼내 두 구슬이 같은 색이면 자신이 건 바둑알만큼을 상대편으로부터 받고, 서로 다른 색이면 자신이 건 바둑알만큼을 상대편에게 주는 것입니다."

"간단하군. 그럼 우리가 먼저 하겠소."

칼크라스가 자신에 찬 표정으로 말했습니다.

"칼크라스, 잠깐! 확률을 먼저 계산하고 바둑알을 걸어야 해."

"알았어, 토푸치. 네가 계산해 봐."

"10개 중에서 2개의 구슬을 뽑는 경우의 수는 $\dfrac{10 \times 9}{2 \times 1}$ = 45(가지)이고, 그 2개의 구슬이 흰 구슬일 경우의 수는 $\dfrac{5 \times 4}{2 \times 1}$ = 10(가지), 그 2개의 구슬이 검은 구슬일 경우의 수도 10가지이니까 우리가 이길 확률은 $\dfrac{20}{45}$이 되는군. 칼크라스, 이건 불리한 게임이야. 우선은 바둑알을 적게 거는 게 좋겠어. 이길 확률보다 질 확률이 더 크니까."

칼크라스는 3개의 바둑알을 걸고 2개의 구슬을 꺼냈습니다. 모두 흰 구슬이었습니다.

"에구, 그냥 많이 거는 건데……."

칼크라스는 프로브의 바둑알 3개를 가져오며 바둑알을 적게 건 것을 후회했습니다. 다음은 프로브의 차례입니다.

"게이미, 구슬 2개가 없어졌으니 확률이 변했을 거야."

"물론이야. 내가 계산해 볼게. 이제 구슬은 8개이니까 8개에서 2개를 뽑는 경우의 수는 $\frac{8 \times 7}{2 \times 1} = 28$(가지)이고, 검은 구슬 2개를 뽑는 경우의 수는 $\frac{5 \times 4}{2 \times 1} = 10$(가지), 흰 구슬 2개를 뽑는 경우의 수는 $\frac{3 \times 2}{2 \times 1} = 3$(가지)이니까 우리가 이길 확률은 $\frac{13}{28}$이야. 우리가 질 확률이 더 높아."

프로브는 2개의 바둑알을 걸고 2개의 구슬을 꺼냈습니다. 모두 흰 구슬이었습니다.

"에구, 많이 거는 건데."

프로브도 후회했습니다. 현재 프로브가 가진 바둑알이 1개

더 적었습니다.

이제 칼크라스가 꺼낼 차례입니다.

"이제 구슬이 6개이니까 6개에서 2개의 구슬을 꺼낼 확률은 $\dfrac{6 \times 5}{2 \times 1}$ = 15(가지)이고, 검은 구슬 2개를 뽑는 경우의 수는 $\dfrac{5 \times 4}{2 \times 1}$ = 10(가지)이니까 이길 확률은 $\dfrac{10}{15}$ 이군. 하지만 아직은 탐색전이니까 조금만 걸어야지."

칼크라스는 이렇게 말하면서 1개의 바둑알을 걸고 2개의 구슬을 꺼냈습니다. 흰 구슬 1개와 검은 구슬 1개가 나왔습니다. 칼크라스는 1개의 바둑알을 프로브에게 건네주었습니다. 이제 두 사람이 가진 바둑알은 똑같이 100개씩입니다.

그때 열심히 다음 확률을 계산해 보던 게이미가 소리쳤습

니다.

"프로브, 바둑알을 모두 걸어. 우리가 이겼어."

"무슨 말이지?"

"지금 항아리 안에는 모두 검은 구슬뿐이야."

"그걸 어떻게 알지?"

"지금까지 꺼낸 구슬들을 생각해 봐. 처음에 칼크라스가 흰 구슬 2개를 꺼냈고 네가 흰 구슬 2개를 꺼냈고, 이번에 칼크라스가 마지막 흰 구슬을 꺼냈으니까 항아리 안에는 검은 구슬 4개만 있는 거야. 그러니까 2개의 같은 색 구슬을 꺼낼 확률은 1이야. 확률이 1이라는 건 무조건 그 사건이 일어난다는 뜻이거든."

"게이미, 고마워."

프로브와 게이미의 표정이 밝아졌습니다.

"바둑알 100개를 걸겠어요."

프로브는 이렇게 말하고 항아리에서 2개의 구슬을 꺼냈습니다. 게이미의 말대로 둘 다 검은 구슬이었습니다. 이렇게 하여 두 번째 게임은 지구 팀의 승리로 끝났습니다. 이제 지구 팀과 외계인 팀은 1 대 1이 되었습니다.

두 팀은 세 번째 게임을 결정하기 위해 가위바위보를 하기로 하였습니다. 대표로 외계인 팀의 칼크라스와 지구 팀의

프로브가 가위바위보를 했습니다. 칼크라스가 이겼습니다. 지구 팀에 위기가 왔습니다. 왜냐하면 게임을 정하는 사람이 유리하기 때문입니다.

하지만 지구 팀에는 프로브와 게이미라는 지구 최고의 수학자가 있습니다. 그러므로 결과는 아무도 모르는 일입니다. 외계인 팀은 자신들이 게임을 정한다는 사실에 무척 기뻐했습니다.

다음 날 아침, 두 팀은 다시 빌리티 시 강당에 모였습니다. 지구를 빼앗기느냐 지키느냐를 결정짓는 마지막 게임입니다. 빌리티 시민들이 새벽부터 강당으로 몰려들었습니다.

"이번 게임도 카드 게임이오."

칼크라스가 말했습니다.

"지난번 게임인가요?"

프로브가 자신이 없는 듯 물었습니다. 지난번 카드 게임에서 지구 팀이 졌기 때문입니다.

"다른 게임입니다."

"게임 요령을 말해 주세요."

"이번에는 1부터 10까지 적힌 카드가 두 벌 있소. 그러니까 전체 카드는 20장이오."

"같은 숫자가 2장씩 있군요."

"그렇소. 각각 2장씩 꺼내고 세 번째 꺼낸 카드가 처음 꺼낸 두 숫자 사이에 있는 수이면 이기는 거요."

"간단하군요. 둘 다 조건을 만족하면 어떻게 되죠?"

"그때는 비김이오. 그러니까 승부가 날 때까지 계속하는 겁니

다."

"좋아요."

칼크라스와 프로브는 2장의 카드를 뽑았습니다. 칼크라스는 5, 8을 뽑고, 프로브는 5,5를 뽑았습니다.

"가만, 5와 5 사이의 수는 없지 않습니까?"

프로브가 놀라면서 물었습니다.

"물론이오. 세 번째 카드에 5와 5 사이의 수가 나올 확률은 0이오. 이제 나는 4, 5, 6, 7 중 하나의 숫자만 나오면 이기게 되오."

칼크라스가 자신에 넘친 표정으로 말했습니다. 지구인들의

표정이 어두워졌습니다. 눈을 가리고 있는 사람들도 있었습니다. 드디어 칼크라스가 1장의 카드를 뒤집었습니다. 탄성이 터져 나왔습니다. 8이 나왔기 때문입니다. 칼크라스와 토푸치는 실망한 표정이었습니다.

"실패했군요."

프로브가 놀리듯이 말했습니다.

"다시 뽑읍시다."

칼크라스는 다시 20장의 카드를 섞어 뒤집어 놓았습니다. 두 사람은 다시 2장씩 카드를 뽑았습니다. 두 팀이 뽑은 카드는 다음과 같았습니다.

"우아, 우리가 이긴 거나 다름없어."

토푸치가 소리쳤습니다. 반대로 지구 팀은 고개를 떨구었습니다. 관중석도 조용했습니다. 일부 관중은 울고 있었습니다.

"이렇게 지구를 빼앗겨야 하나?"

스태티 대통령이 혼잣말로 중얼거렸습니다.

"게이미, 확률을 계산해 줘……."

프로브가 작은 목소리로 말했습니다.

"계산할 필요도 없어. 압도적으로 밀리고 있어."

게이미가 울먹거렸습니다.

"그래도 확률을 알고 싶어."

프로브의 거듭되는 부탁에 게이미는 계산을 하기 시작했습니다.

"남은 카드는 16장이야. 우리는 6만 나와야 하고 6이 2장이

니까 우리가 성공할 확률은 $\frac{2}{16}$ 가 돼."

"외계인 팀은?"

"1과 10만 안 나오면 되니까 외계인 팀이 성공할 확률은 $\frac{14}{16}$ 가 되지."

"차이가 좀 있군."

프로브는 힘없는 표정으로 1장을 뒤집었습니다. 프로브는 눈을 감고 있었습니다.

"해냈어! 프로브!"

게이미의 말에 눈을 뜬 프로브는 카드가 6이 나온 것을 확인했습니다. 프로브와 게이미는 얼싸안고 춤을 추었습니다.

지구인들 모두 파도타기를 하며 외계인을 약올렸습니다. 칼크라스와 토푸치의 표정은 어두워졌습니다.

"칼크라스, 1과 10만 안 나오면 되니까 걱정 말고 뒤집어."

토푸치가 애써 칼크라스를 달래고 있었습니다. 지구의 운명이 걸린 1장의 카드를 칼크라스가 들었습니다. 그리고 한참을 뜸들이고 나서 뒤집었습니다. 1이 나왔습니다.

"우리가 이겼어. 게이미!"

프로브가 게이미를 보고 소리쳤습니다. 지구 팀의 승리입니다.

"어떻게 이런 일이!"

프로브가 못 믿겠다는 표정으로 말했습니다.

"확률은 확률일 뿐이야. 다음 상황이 어떻게 전개될지는 아무도 알 수 없지. 즉, 확률이 높다 해서 다음에 그 사건이 일어날지 안 일어날지는 아무도 모르는 일이야."

게이미가 차분한 목소리로 말했습니다. 이렇게 지구를 건 게임은 지구 팀의 승리로 끝이 났습니다. 프로브와 게이미가 지구를 구한 것입니다. 게임에 진 칼크라스와 토푸치는 UFO를 타고 자신들의 행성으로 돌아갔습니다. 그리고 지구에는 다시 평화가 찾아왔습니다.

계산기를 발명한
파스칼 Blaise Pascal, 1623~1662

파스칼은 프랑스 오베르뉴 지방에서 태어난 수학자이자 최초로 계산기를 만들어 낸 사람입니다. 파스칼은 정부의 회계 감사일을 하던 아버지를 돕기 위해 계산기를 발명했다고 합니다. 그는 평생 약 50개의 계산기를 만들었고, 그중 몇 개는 박물관에 소장되어 있습니다.

어려서부터 수학에 뛰어난 능력을 보였던 파스칼은 수학을 배우지는 않았지만 호기심이 많아 노는 시간도 포기하고 수학을 공부했다고 합니다. 어릴 때 이미 '삼각형의 내각의 합은 $180°$' 라는 사실을 발견하였고, 이를 본 아버지는 감탄하여 그에게 유클리드가 쓴 《기하학 원본》을 선물하였다고 합니다.

파스칼은 14살 때 프랑스 수학자 단체의 정기 모임에 참여하였고, 16살에 발표한 《원뿔 곡선 시론》은 데카르트가 읽고 감탄했을 정도로 뛰어났습니다. 21살에는 뛰어난 수학 능력을 물리학에 사용하기 시작하였는데, 이때 발견한 '파스칼의 원리'는 오늘날까지 전해지고 있습니다.

파스칼은 페르마와 편지를 주고받으며 차츰 확률론을 깨닫게 됩니다. 확률은 도박판에서 판돈을 나누는 것에서부터 시작되었는데, 파스칼은 '파스칼의 삼각형'을 이용하여 판수가 많은 경우를 제외하고 간편하게 판돈을 분배할 수 있게 하였습니다. 이렇게 확률론은 파스칼을 시작으로 하여 17세기에서 18세기에 점차 발달하게 되었습니다.

파스칼은 수학이나 물리학뿐만 아니라 철학이나 종교 활동도 활발하게 하였으며, 그의 사후에 친척들이 유고를 모아 출간한 《팡세》는 지금도 읽히고 있습니다.

수학사

세계사

인도, 불교의 시작

탈레스
두 삼각형의 합동, 비례 정리

BC
6세기

그리스, 페르시아 전쟁 발발

피타고라스 학파
피타고라스의 정리 증명

BC
5세기

일본, 에도 막부의 쇄국 정책
시작

파스칼
파스칼의 정리 발표

1639

조선, 하멜 일행이 제주도 표착

파스칼
파스칼의 원리 발표

1653

조선, 신유 박해

가우스
《정수론 연구》 발표

1801

1. 서로 다른 n개의 원소 중에서 r개를 뽑아서 한 줄로 세우는 경우의 수를 □□ 이라고 합니다.

2. a, a, b를 일렬로 세우는 경우의 수는 □ 가지입니다.

3. 2개에서 3개를 뽑아 세우는 경우의 수는 □ 가지입니다.

4. 3명의 사람을 원탁에 앉히는 경우의 수는 □ 가지입니다.

5. 여러 가지 경우가 일어날 때 각 경우의 확률들의 합은 항상 □ 입니다.

6. 두 경우가 '또는'으로 연결되어 있으면 각 경우의 확률의 합이 구하는 확률이 됩니다. 이것을 확률의 □□ 법칙이라고 합니다.

7. 두 경우가 '그리고'로 연결되어 있을 때는 각 경우의 확률의 곱이 구하는 확률이 됩니다. 이것을 확률의 □□ 법칙이라고 합니다.

정답 1. 순열 2. 3 3. 8 4. 2 5. 1 6. 덧셈 7. 곱셈

게임 이론

파스칼의 확률론은 20세기에 들어와 게임 이론이라는 학문을 만들어 냈습니다. 게임 이론은 여러 경제 주체가 서로를 이기기 위해 경쟁하는 상황에서 그 결과가 어떻게 될 것인지를 예측하는 이론입니다. 게임이라는 이름이 붙은 것은 경쟁자들이 이기기 위해 전략을 세우는 모습이 게임을 떠올리게 하기 때문입니다.

게임 이론은 1944년 수학자 노이만(Johann Neumann)과 모르겐슈테른(Oskar Morgenstern)이 쓴 《게임 이론과 경제 행동》이라는 책에 처음으로 등장했습니다.

이후 1950년대 미국의 내시(John Nash)가 프린스턴 대학교 박사 학위 논문을 통해 '내시 균형'이라는 아이디어를 내놓으면서 게임 이론은 수학자와 경제학자 사이에서 인기를 끌게 되었습니다. 내시 균형은 상대방이 어떤 결정을 내릴지를 가정한 후 그에 대한 가장 적당한 전략을 선택할 때 균형이 이루어진다는 이론이지요.

예를 들어 어떤 회사가 처음 등장하려 할 때 독점 기업이 갑자기 물건값을 크게 하락시켜 그 회사를 시장에서 몰아낼 수 있다고 하면 이 회사는 시장에 등장하지 않는 것이 가장 유리합니다. 이때 해당 기업은 독점 기업이 '가격 인하'라는 결정을 내릴 것이라고 보고 '진입 포기'라는 가장 적당한 전략을 선택하게 되므로, 이 게임은 독점 유지라는 균형에 이르게 되지요.

1994년, 수학자 내시는 '내시 균형' 아이디어로 노벨 경제학상을 받았고, 2007년에도 3명의 게임 이론 전문가가 노벨 경제학상을 받았습니다.

게임 이론은 기업을 합리적으로 경영하는 방법에도 사용됩니다. 예를 들어, 어떤 회사가 시장에서 얼마나 많은 물건을 팔 수 있는지를 알기 위해서는 경쟁 회사가 어떤 전략을 사용하는지를 알아야 합니다.

게임 이론은 생물학에도 이용되는데, 미국의 어떤 생물학자는 개미의 분업 활동을 게임 이론으로 설명했고, 진화 과정에서 어떤 종이 살아남는지도 게임 이론으로 설명할 수 있다고 주장했습니다.

찾아보기

어디에 어떤 내용이?